[illegible] RURALE
PUBLIÉE PAR LES
[illegible] L'AGRICULTEUR PRATICIEN.

[illegible]COOLISATION

DES

[illegible]ES DU MAÏS

ET DU

[illegible]RGHO SUCRÉ

[illegible] — BIÈRE. — VINS ARTIFICIELS
[illegible] ETC. — ETC.

PAR

[illegible]ET, Chimiste.

Prix : 75 centimes.

PARIS
[illegible] D'AGRICULTURE ET DE JARDINAGE
[illegible] DES GRANDS-AUGUSTINS, 41.
[illegible] GOIN, éditeur

1856

ALCOOLISATION

DES

TIGES DU MAÏS

ET DU

SORGHO SUCRÉ

SÈVRES. — IMPRIMERIE DE M. CERF, GRANDE-RUE, 144.

ALCOOLISATION

DES

TIGES DU MAÏS

ET DU

SORGHO SUCRÉ

ALCOOL. — CIDRE. — BIÈRE. — VINS ARTIFICIELS
ETC., ETC., ETC.

PAR

DURET, Chimiste.

PARIS
LIBRAIRIE CENTRALE D'AGRICULTURE ET DE JARDINAGE
QUAI DES GRANDS-AUGUSTINS, 41
— Auguste GOIN, éditeur —

1856

ALCOOLISATION

DES TIGES DU MAÏS

ET

DU SORGHO SUCRÉ.

Tiges du Maïs.

Parmi les fabriques agricoles, les distilleries doivent être placées au premier rang. Leur principale fonction, lors même qu'elles ne s'appliquent qu'à la distillation des vins, c'est de permettre et de rendre possible le transport au loin, sous un petit volume, de marchandises naturellement encombrantes. La transformation des vins en eaux-de-vie laisse en outre aux mains de l'agriculteur de notables bénéfices.

Mais la distillation agricole est bien autrement lucrative et féconde dans son application à l'agriculture. Les résidus qu'elle met aux mains des cultivateurs leur permettent d'entretenir de nombreux bestiaux. Ces bestiaux engraissés sont dirigés sur les marchés les plus éloignés du territoire. Par ce moyen, les foins, les pailles, les résidus autrement sans valeur, dont ils ont été nourris, se trouvent condensés et vendus sous forme de graisse et de viande pour servir à la consommation des villes, résultat qui, sans cette transformation, eût été complètement impossible.

La distillation agricole profite aux agriculteurs de plusieurs manières : 1° ils recueillent d'abord, en eau-de-vie, la valeur de la matière employée, avec un bénéfice de fabrication; 2° ils nourrissent avec les résidus, des bestiaux, ce qui leur assure de nouveaux profits;

3° l'éducation de ces bestiaux leur donne des fumiers abondants qui améliorent leurs terres, et leur font acquérir, en peu de temps, un haut degré de fécondité.

C'est ce qui assure à cette industrie une vitalité hors ligne, et lui donne une supériorité marquée sur les distilleries industrielles. La distillation agricole se marie intimement à l'agriculture : elle devient l'annexe obligée de toute exploitation rurale bien entendue. La culture des racines et des fourrages, pour être consommés sur place, a toujours été considérée, par tous les agronomes, comme la base fondamentale de toute agriculture perfectionnée, et les distilleries ont pour résultat d'exonérer les cultivateurs de ces cultures nécessaires.

Il est singulier que la distillation qui est connue et pratiquée depuis longtemps dans les départements viticoles, ne les ait pas conduits à s'occuper de la distillation agricole qui parait être demeurée le partage des contrées du Nord.

Dans ces derniers temps, la rareté des alcools de vin et leur prix élevé, a fait surgir tout-à-coup, sur une grande échelle, la distillation des betteraves. Beaucoup de sucreries du Nord se sont transformées en distilleries; d'autres se sont installées de manière à pouvoir simultanément fabriquer du sucre et de l'alcool. Tous ces établissements, élevés à grands frais, sont du ressort de l'industrie. Ils n'ont que peu ou point d'analogie avec les distilleries agricoles, qui ont principalement en vue l'éducation des bestiaux et l'engrais des terres.

Le système breveté de MM. Champonnois et Bavelier, a pour but de remplir cette lacune dans l'agriculture française. Ces distillateurs ont monté, l'année dernière, dans un rayon de vingt lieues autour de Paris, des distilleries qui participent de ce genre d'établissement.

Cependant la plupart, de leur propre aveu, sont plutôt industriels qu'agricoles. Un grand nombre, en effet, achètent les betteraves et vendent leurs résidus. Cette circonstance leur enlève le caractère distinctif des distilleries agricoles dont la destination spéciale, nous le répétons, consiste à être attachées à la ferme et de consommer sur place les résidus.

Le but que nous nous proposons dans ce petit ouvrage, diffère sensiblement de celui de MM. Champonnois et Bavelier. Les distilleries agricoles, comme nous l'entendons, seront celles de la petite propriété des pays *viticoles*, tandis que celles de ces derniers doivent être considérées comme des établissements de la grande propriété, dans les pays à céréales. En un mot, nous voulons introduire, dans le Midi, la distillation agricole qui y est inconnue, et faire servir à ce résultat les alambics tout-à-fait élémentaires qui fonctionnent déjà en certains endroits, pour la fabrication des eaux-de-vie de vin.

Si cette industrie est profitable dans le Nord, elle le sera, chacun le comprendra, à un degré bien plus élevé encore dans le Midi. La nature rocailleuse des terres, les sécheresses prolongées sous cette latitude, déterminent, chaque année, une disette générale de fourrages, et par conséquent de fumiers. La culture arriérée de cette riche contrée doit être principalement attribuée à ces deux circonstances. Sans la vigne qui s'accommode, par préférence, des terres sèches et médiocres, de grandes étendues de terres seraient vouées à une éternelle stérilité. C'est donc une nécessité à laquelle le Midi ne peut se soustraire plus longtemps, que d'établir des fabriques agricoles qui puissent mettre ce pays à même de nourrir un plus grande nombre de bestiaux. Les distilleries agricoles pourvoiront à ce besoin.

Ce qui doit faciliter singulièrement cette innovation, c'est cette considération, toute puissante à nos yeux, que l'installation des distilleries agricoles, dans les pays viticoles, peut se faire presque sans frais ; et voici comment. Il est évident que la fabrication des vins, et leur conversion en eaux-de-vie, a nécessité depuis longtemps chez tous les cultivateurs, sans exception, l'acquisition des appareils propres à la fermentation et à la distillation, tels que tonneaux, barriques, pressoirs et alambics. Il ne s'agit donc plus que de donner, à ce matériel, un aménagement plus commode et plus approprié à l'usage nouveau auquel on le destine, sans nuire toutefois à celui qui lui est actuellement réservé.

A ce premier avantage, nous ajouterons celui, plus important, d'employer à la production de l'eau-de-vie, une plante déjà connue et cultivée en grand, dans le Midi, depuis des siècles, nous voulons parler du maïs, blé de Turquie, blé d'Espagne, que chacun connaît sous ces différents noms, et qui est si bien appropriée à son climat brûlant.

Cette circonstance, unique dans les annales de l'industrie agricole, de pouvoir extraire une bonne eau-de-vie d'un produit sans valeur jusqu'à ce jour, des tiges du maïs après la récolte de son grain, placera les établissements agricoles de ce genre, dans une position exceptionnelle et sans précédent.

Il n'est pas croyable que les propriétaires de vignes où se pratique déjà la distillation des vins, se montrent assez ennemis du progrès et de leur propre intérêt, pour refuser d'approprier leurs distilleries à cette nouvelle fabrication. Qu'un seul établissement s'élève et fonctionne, et tous, à l'envi, voudront imiter cet exemple. N'est-ce pas une chose admirable, au moment même où la disette des vins se fait le plus sentir, qu'on puisse les remplacer gratuitement, dans la fabrication des alcools de table, par un produit abondamment répandu partout!

Par ces motifs, nous n'hésitons pas à accorder au maïs, comme plante à distiller, une place distinguée entre toutes celles qui croissent sur le sol de la France. Bien peu, sous tous les rapports, peuvent soutenir la concurrence avec lui. Il laisse bien loin derrière, la betterave, et peut lutter, avec avantage, avec le topinambour et même le sorgho sucré, récemment introduit en France. Telle est du moins notre conviction, soit, en effet, qu'on cultive le maïs pour le faire manger en vert, aux bestiaux, comme cela se pratique déjà, soit qu'on le destine à produire de la graine, dans ces deux cas, on peut, sans le détourner de sa destination, extraire de sa tige, le suc, le faire fermenter et en recueillir, par la distillation, une eau-de-vie de bonne qualité, comparable au vrai rhum de la Jamaïque. La pulpe peut ensuite servir à nourrir les bestiaux, ou à fabriquer un bon papier d'emballage qui se trouve naturellement *collé*.

Est-il une plante, une seule, qui puisse, comme le maïs qui se trouve partout dans plus de vingt départements, donner des produits si variés et si importants, savoir : du pain, du sucre, de l'alcool, du cidre et du papier.

L'eau-de-vie extraite de la tige du maïs cultivé pour sa graine, ne coûtera rien, puisque les frais de culture sont déjà payés par la récolte. La nourriture des animaux sera, de même gratuite, puisque ce produit, jusqu'à ce jour était abandonné.

Considérons maintenant le maïs ensemencé pour être consommé en vert par les bestiaux. Cette culture se fait déjà dans ce but dans certaines contrées. Elle offre de grands avantages lorsqu'elle est faite avec discernement. Ce qu'il y a de remarquable, à l'égard du maïs qui ne murit pas sa graine, c'est qu'il n'est nullement épuisant, et chose à considérer, le terrain qu'on lui consacre se trouve débarrassé assez à temps pour ne pas gêner les semailles d'automne. Les sols composés d'argile et de sable sont ceux qui lui conviennent le mieux. Il n'est pas rare, quand toutes les conditions favorables se rencontrent, de lui voir acquérir trois à quatre mètres d'élévation. Le maïs destiné au bétail se sème beaucoup plus épais que celui qui est réservé pour la graine. Pour en avoir de frais et de tendre, en tout temps, on a pour habitude d'en semer tous les huit ou quinze jours, à partir du 15 mai jusqu'au 15 août. Mais avant de confier la graine à la terre, quelques personnes commencent par la faire germer. Cette préparation qui hâte sa sortie de terre d'au moins dix à douze jours, ne doit pas être négligée, parce qu'elle accroît les chances de réussite. On profite de la première ondée de pluie qui survient pour semer le maïs, sur un terrain préparé d'avance. Si la jeune plante peut arriver à couvrir la terre de son ombre, elle ne craint plus les chaleurs, et son succès est à peu près certain. Il n'y a pas de plante dont la croissance soit plus rapide que celle du maïs, et voilà pourquoi sa culture, pour les bestiaux, est si précieuse.

Ce que nous disons ici du maïs pour fourrage, nous pouvons l'affirmer avec confiance, parce que nous l'avons nous-même pratiqué, en grand, pour cet usage. Une année s'est rencontrée tellement favorable que la masse de maïs consommée est à peine croyable, eu égard à l'étendue du terrain. On le récoltait à pleines charrettes, et de nombreux bestiaux en furent nourris exclusivement pendant plus de cinq mois de l'année (1).

Mais ce qui doit surtout engager les propriétaires à se livrer à cette culture, c'est la grande quantité d'excellente eau-de-vie qu'on peut en recueillir, sans diminuer sensiblement la part réservée au bétail. Ce point de vue tout nouveau est d'une haute importance partout où croit le maïs, mais il a un intérêt d'actualité tout particulier pour le Languedoc qui, en présence des alcools de betteraves, ne peut plus continuer la fabrication des 3/6 de Montpellier. Par le maïs et par le sorgho sucré, l'équilibre, un instant dérangé, va se rétablir en faveur du Midi, qui prendra ainsi sa revanche sur le Nord. Avec ces plantes, nous aurons d'excellents alcools, et les vins, consacrés à la fabrication des 3/6, pourront être réservés pour la consommation qui les réclame.

Le maïs se plait dans les pays chauds: ses larges feuilles qui couvrent bientôt la terre de leur ombre entretiennent la fraîcheur autour de ses racines, et lui permettent de puiser dans l'atmosphère, les principes nécessaires à son rapide développement.

Il n'en est pas ainsi de la betterave. Sa culture est plus coûteuse et plus pénible dans le Midi que dans le Nord. Pendant l'été, les betteraves y sont souffreteuses et languissantes; elles ne reprennent une nouvelle vie que dans l'arrière saison, aux premières pluies d'au-

---

(1) Le but du présent travail étant spécialement la distillation des tiges du maïs, l'auteur n'a pas cru devoir s'étendre davantage sur la culture de cette plante. Les agriculteurs qui desireront avoir des détails complets pour la culture les trouveront dans une brochure de MM. Keene et De Thier ayant pour titre, *Culture du maïs*, etc. Cette brochure qui se vend 40 centimes franc de port par la poste est en vente à la Librairie centrale d'agriculture et de jardinage, quai des Augustins. 41, à Paris.

tomne qui arrivent généralement du 15 août au 15 septembre ; elles obtiennent alors un rapide accroissement, il est vrai, mais le retard apporté à leur végétation, pendant les fortes chaleurs, ne permet guère de les récolter plus tôt que dans le Nord.

La culture de la betterave, dans le Midi, ne prendra jamais un grand développement : celle du maïs lui sera toujours préférée par les cultivateurs pour son grain qui sert à la nourriture des ouvriers. Presque partout, il est cultivé au tiers, comme la pomme de terre.

Voici en quoi consiste cet usage. Le propriétaire fournit le terrain qui est préparé d'avance, la semence, tous les travaux de labourage et le transport des fumiers. L'ouvrier, le *quartayeur,* selon l'expression locale, se charge de tous les travaux accessoires, tels que ensemencement, sarclages et récolte. L'époque de la maturité arrivée, le maïs est coupé au pied, chargé par le *quartayeur,* dans des charrettes qui suivent, et de là transporté dans les cours ou sous les hangars de la ferme, suivant l'état de l'atmosphère. Le maïs épluché, chaque *quartayeur* fait trois parts égales, dont deux pour le propriétaire, qui choisit, et la troisième pour lui. Dans le choix des *quartayeurs*, on donne toujours la préférence aux travailleurs attachés habituellement à la maison du propriétaire, soit comme vignerons à la tâche, soit comme employés à la journée. Au contraire du maïs, le blé se partage au quart, c'est-à-dire qu'un quart seulement revient au *quartayeur*. C'est de là que lui vient son nom. Les travaux de la belle saison se divisent ainsi entre la culture de la vigne, celle du maïs et des pommes de terre. Comme on le voit, il y aurait peu de place pour la betterave, d'autant que l'insuffisance des bras se fait sentir partout. La culture de la vigne exige un travail continuel pendant toute l'année. Dans l'hiver, on profite du moment des gelées pour les amender par des transports de terre aux pieds des ceps. Avec la vigne qui l'occupe constamment, et le maïs qui le nourrit, l'ouvrier du Midi trouve facilement à vivre. Son existence et celle de sa famille est infiniment plus heureuse que celle du travailleur des pays à céréales. A ces causes générales de préférence en faveur du maïs, vient s'ajouter cette considération qu'on peut extraire de sa tige, nous le répétons, une eau-de-vie de bonne qualité. Cette eau-de-vie peut être livrée immédiatement à la consommation ; elle n'a pas besoin d'être rectifiée comme celle de la betterave qui est détestable, si elle n'est ramenée à 36 degrés. Le produit net de l'eau-de-vie de maïs, toutes choses égales d'ailleurs, est aussi plus élevé. Le prix de l'eau-de-vie de betterave est, en ce moment, aux environs de Paris, de 45 à 50 centimes le litre à 19 degrés de Cartier, tandis que celle de maïs, à ce titre, vaudrait de 75 centimes à 1 franc le litre, ce qui est un produit presque double.

Notre prédilection pour le maïs se trouve donc justifiée. Mais à nos affirmations personnelles, il est temps de produire de nouveaux témoignages. Ils ne seront pas suspects de partialité, et l'on va voir qu'ils n'ont pas été créés pour le besoin de la cause que nous défendons.

Il nous reste à prouver que le rendement du maïs en sucre et partant en eau-de-vie est, non-seulement certain, mais qu'il est égal, s'il n'est supérieur, même pour celui qui a porté sa graine, à celui de la betterave. Nous allons asseoir ce fait, encore incertain aux yeux du plus grand nombre, sur les bases solides et irrécusables de la pratique et de l'analyse.

Selon les expériences répétées en grand, pendant

plusieurs années, par M. Pallas, la tige du maïs dont on a récolté la graine, immédiatement après sa maturité, contient pour le moins 6 % de sucre M. Pallas, docteur en médecine, médecin en chef de l'hôpital militaire de Saint-Omer, a publié en 1837, un ouvrage très remarquable sur le maïs, intitulé : *Recherches historiques, chimiques, agricoles et industrielles sur le maïs ou blé de Turquie, suivi de l'art de fabriquer le sucre et le papier avec la tige de cette plante, sans diminuer la quantité de son produit sous le rapport alimentaire.*

Avant le travail de M. Pallas, l'existence d'un sucre cristallisable dans la tige du maïs, était contestée, quoique les recherches antérieures de quelques savants en eussent démontré la réalité. Aux premières ouvertures que M. Pallas s'était empressé de faire de sa découverte, tant à l'Académie des Sciences qu'à la Société d'encouragement de Paris, presque tous les membres de ces deux Sociétés se montrèrent fort incrédules sur ce point. On engagea M. Pallas à se livrer à de nouvelles recherches, et lorsqu'enfin il ne fut plus possible de contester la réalité du fait, l'Académie chargea M. Biot, l'un de ses membres, d'examiner plus à fond cette question.

Nous rendrons compte un peu plus loin du rapport présenté, à cette occasion, par MM. Biot et Soubeiran à l'Académie des Sciences, mais avant, nous croyons devoir nous arrêter quelque temps sur l'ouvrage de M. Pallas, en raison des précieux renseignements pratiques qu'il renferme.

Nous copions textuellement, et dans leur entier, les conclusions de M. Pallas.

« Il résulte de tout ce qui précède, (c'est l'auteur qui » parle), d'après l'observation des faits et de nombreuses » expériences :

» 1° Que la culture du maïs peut s'étendre au nord
» de la ligne tracée par Arthur Young; qu'elle peut être
» pratiquée avec succès dans le nord de la France, par-
» ticulièrement dans le département du Pas-de-Calais,
» comme nous en avons acquis la preuve par nos propres
» essais.

» 2° Que la tige du maïs, contrairement à l'opinion
» généralement admise, qui est aussi celle de l'Institut,
» contient, après la récolte du fruit, du sucre cristalli-
» sable, identique avec le meilleur sucre de canne, dont
» la quantité n'est pas moindre de deux livres pour cent
» de tiges, privées de leur racines, de leurs feuilles et
» de leurs panicules; plus, quatre pour cent de mélasse
» riche et d'un très-bon goût.

» 3° Que la pulpe ou le parenchyme de la tige de
» maïs, dont on a séparé la matière sucrée, peut servir
» à nourrir les bestiaux, ou mieux encore, à fabriquer
» un papier commun, fort, solide, naturellement collé,
» et qui, dans le commerce, peut rivaliser avec le
» meilleur papier d'emballage. Que ce papier qui est
» d'une fabrication simple et facile, peut être amélioré,
» et acquérir avec la qualité, une valeur supérieure à
» celle qu'il a actuellement.

» 4° Que la mélasse brute de maïs peut, par sa fer-
» mentation, être convertie en alcool, qui n'a pas le
» goût désagréable de celui que l'on obtient de la mé-
» lasse de betterave, et qu'il a, au contraire, une *saveur*
» *agréable*, particulière, qui rappelle celle du rhum de
» la Jamaïque, dont il possède quelques caractères.

» 5° Que le sucre de maïs, de même que celui de
» canne et de betterave, peut subir sans aucune diffi-
» culté et sans plus de frais, toutes les opérations du
» terrage et du raffinage, en donnant naissance aux di-

» verses nuances intermédiaires entre le sucre brut et » le sucre en pain, parfaitement blanc.

» 6° Que la saccharification de la matière sucrée du » maïs augmente et se perfectionne par les progrès de » la végétation, et que la meilleure qualité et la plus » grande partie de sucre contenue dans la tige de cette » plante, coïncide heureusement avec l'époque de la » végétation où le fruit est parvenu à sa complète ma- » turité ; qu'il ne faut pas confondre, comme on le fait » généralement, la maturité du grain avec la dessica- » tion de la plante, états qui se manifestent à deux » époques bien différentes et de l'observation rigou- » reuse desquelles dépend tout le succès de l'opération.

» 7° Qu'un hectare, ou 94 *pieds carrés*, semés en » maïs, à 18 pouces de distance entre les pieds et les » lignes, peut produire en France, terme moyen, de la » même récolte.

Produits agricoles.

1° Graine de maïs.	45	hectol.
2° Fourrage sec,	2,200	kilos.
3° Fanes ou spathes pour paille,	600	»
4° Papelons ou épis égrenés,	2,200	»
5° Tiges fraiches effeuillées,	650	»

Produits industriels.

» Les produits industriels qu'on peut retirer de » 6,500 kilos de tiges fraîches, sont :

1° Sucre brut,	130	kilos.
2° Mélasse,	260	»
3° Pulpe ou parenchyme,	2,295	»

» Ces deux derniers produits peuvent fournir, l'un » 260 litres d'alcool, et l'autre 910 kilogrammes et » demi de papier commun.

» Je livre ce travail à tous les hommes qui s'occupent » d'agriculture, de science et d'industrie, et quoiqu'il » laisse beaucoup à désirer, ils verront néanmoins qu'il

» présente des résultats bien plus satisfaisants que tout
» ce qui a été fait précédemment sur cette matière, ré-
» sultats dont l'agriculture et le commerce pourront
» tirer un grand profit, puisque, sans nuire en aucune
» manière à la récolte du fruit, la tige du maïs fournira
» de très-bon sucre et une substance ligneuse assez
» abondante pour la fabrication du papier commun.

» Fruits de plusieurs années de recherches, d'obser-
» vations et d'expériences, les résultats de ce travail
» n'intéressent pas seulement la science et l'industrie,
» car il a son importance encore sous le rapport de l'é-
» conomie politique. En effet, la même récolte de maïs
» fournissant tous les produits énumérés, donnera
» aussi tout son produit en grain dont la farine, comme
» on le sait, sert à la nourriture de populations entières,
» et l'on obtiendra ainsi, en même temps et de la même
» récolte, du pain et du sucre. Quoi qu'il en soit, j'ai la
» certitude que ces produits seraient encore suscep-
» tibles d'augmentation dans une grande exploitation ;
» mais tels qu'ils sont, ils seraient déjà, par leur nombre
» et leur variété, supérieurs à ceux de la betterave ou
» de ceux des autres cultures.

» Tels sont les résultats obtenus dans un départe-
» ment dont le climat est peu favorable à la culture du
» maïs. Nous pouvons donc prédire, si nos chiffres ne
» nous trompent pas, que la fabrication du sucre et du
» papier-maïs doit produire dans trente et quelques
» départements français, où le blé de Turquie est natu-
» ralisé depuis nombre d'années, une véritable révolu-
» tion agricole et manufacturière. Le Midi de la France
» principalement, où la culture de cette céréale est favo-
» risée par la fertilité du sol et par la chaleur du climat,
» sera plus privilégié que les autres contrées dont le

» climat est plus froid, plus humide, et surtout plus in-
» constant. La tige du maïs sera la plante saccharifère
» des provinces méridionales, comme la racine de bet-
» terave est déjà la plante saccharifère du Nord. »

Voici maintenant la méthode suivie par M. Pallas, pour l'extraction du suc de maïs :

« 1° *De l'époque de la maturité du maïs.* — Lorsque
» l'épi est tout-à-fait développé, que le grain est jaune
» et dur, que l'extrémité libre des fanes ou spathes
» commence à jaunir, bien qu'elles soient encore vertes
» à leur point d'insertion, que les feuilles de la tige
» sont sèches ou presques sèches alors même que les
» moyennes conservent encore leur verdeur, le maïs
» est mûr et n'a plus besoin que de sécher pour être
» livré à la consommation. Alors des hommes passent
» dans le champ de maïs, en détachant tous les épis qui
» présentent les caractères de maturité précités et les font
» sécher artificiellement et plus particulièrement en les
» exposant à l'air libre sur des claies d'osier, de ma-
» nière à ce que la dessication s'opère lentement. Les
» mêmes hommes peuvent également récolter tous les
» épis avortés des tiges qui présentent les caractères de
» maturité dont nous avons parlé. L'épi du maïs ré-
» colté à cette époque précise de son développement,
» peut se passer de la plante mère pour se nourrir (1)

---

(1) Nous pouvons citer un fait personnel à l'appui de l'assertion émise ici par M. Pallas. Nous avions fait semer une année fort tard, sur un défrichement de terrain marécageux, des haricots rouges qui y prirent un accroissement extraordinaire. Mais la fin de novembre était arrivée, et les haricots, qui étaient superbes, ne mûrissaient pas, faute d'une chaleur suffisante, dans cette saison. La récolte était exposée à périr : encore quelques jours, et tout espoir eût été perdu. A tout hasard, nous nous décidâmes à la faire arracher.

» et si le grain avait encore besoin de quelque ressource alimentaire, il la trouverait dans le suc de la raffle qui est encore sensiblement sucrée à cette époque de la végétation. La récolte se fera successivement au fur et à mesure des besoins, d'après le système d'ensemencement que nous avons indiqué au chapitre de culture.

» 2° *De la cueillette et de l'effeuillage de la tige.* — Le lendemain, ou quelques jours plus tard, les mêmes hommes parcourent de nouveau le champ de maïs, et coupent ras de terre toutes les tiges dont on aura détaché les épis. Ils auront soin, cependant, de n'en cueillir que la quantité nécessaire pour la fabrication du jour ou au plus pour le lendemain, car la tige du maïs étant susceptible de s'altérer promptement après

---

Cependant il y avait peu d'espoir à fonder sur cet essai ; car, quoique les grains eussent atteint tout leur développement naturel, néanmoins la plante et les cosses avaient conservé leur verdeur. Nous ne les en fîmes pas moins étendre en couches minces, dans les greniers de la ferme de manière à ce que la dessication pût s'effectuer dans les meilleures conditions possibles. Cette opération terminée, d'autres affaires nous éloignèrent de cette propriété, et ce ne fut que trois mois après que nous eûmes occasion d'y revenir. Nous ressouvenant alors des haricots cueillis avant maturité, nous n'eûmes rien de plus pressé que d'aller les visiter. Nous pensions les trouver moisis ou pourris : mais quel fut notre étonnement, ils étaient luisants, bien nourris, et mieux réussis que s'ils avaient été récoltés dans les conditions ordinaires.

Nous inférons de là, que cette pratique devrait être introduite dans tous les pays chauds. Dans le midi de la France, par exemple, la culture des haricots et des autres légumes est très-chanceuse, parce qu'ils sont presque invariablement attaqués par les vers, et cela assez fortement pour leur enlever toute leur valeur vénale. Comment faire pour se soustraire à ce fléau ? Nous n'hésitons pas à conseiller le moyen qui nous a si bien réussi : c'est de récolter les légumes aussitôt que le grain a acquis son complet développement, et que leurs tiges commencent à jaunir. Ils finiront de mûrir dans la paille, et ne seront plus attaqués par les vers.

» qu'on l'a détaché du sol, demande à être fabriqué » au fur et à mesure de la cueille.

» Après avoir transporté les tiges des champs à la » fabrique, on les dépouille de leurs feuilles, on en » coupe la flèche, à dix pouces au-dessous de la pani- » cule florale. Bien entendu que si l'étêtement ou l'é- » lagage du maïs a été opéré en saison convenable » pour en faire du fourrage, le dépouillement de la » tige alors est beaucoup plus simple, et il serait même » possible qu'il fût tout-à-fait inutile, surtout si l'éla- » gage de la plante a été bien fait. Dans tous les cas, » les dépouilles du maïs sont mises à sécher et sont » employées comme fourrage pendant l'hiver.

» La tige ainsi dépouillée, est verte ou violacée ou » d'un jaune verdâtre, son suc est plus ou moins sucré, » selon les saisons et suivant les pays; quoi qu'il en » soit, elle doit conserver encore toute sa force de vé- » gétation.

» 3° *Du râpage et de la pression de la pulpe.* — La » râpe (1) étant mise en mouvement par une force mo- » trice quelconque, un homme intelligent lui présente, » par l'une des extrémités et en pressant un peu, des » poignées ou petites bottes de dix à douze tiges de » maïs, qui sont réduites en pulpe en un instant. Pen- » dant que la première botte se râpe, un enfant en » prépare une seconde, et dans l'intervalle d'une jour- » née, une râpe bien servie peut râper environ le pro- » duit d'un hectare.

» Pour garantir l'ouvrier râpeur de tout accident, on » peut faire confectionner une espèce de cylindre creux, » fait en bois, ouvert d'un côté pour y introduire les

---

(1) Le prix de cette râpe est de 250 à 300 fr.

» tiges de maïs et les présenter ainsi à la râpe. Le côté » opposé de ce cylindre sera bouché et muni à son » centre d'un manche également en bois, il sera reçu » dans un chassis, de manière à conduire ce porte-tiges » à quelques lignes seulement des dents de la râpe. Il » faudra en avoir au moins deux, pour garnir l'un des » tiges de maïs, pendant que l'autre fera le service. Cet » ustensile est destiné à remplacer les rabots dont on » se sert pour pousser la betterave contre la râpe.

» Au fur et à mesure que la pulpe se forme, elle » tombe dans une auge qui est placée immédiatement au- » dessous de la râpe. On en remplit des sacs, ou bien » on l'enveloppe dans des morceaux de grosse toile, » solide, claire, que l'on soumet à l'action de la presse » hydraulique.

» Après cette première pression, il convient de trem- » per la pulpe dans de l'eau de fontaine, pour lui enle- » ver le reste de la matière sucrée qui aurait échappé » à la première pression (1). Cette précaution deviendra » surtout nécessaire, lorsque le jus sera plus riche en » sucre et que la récolte de la tige aura été précédée » d'un temps sec ou chaud. La quantité que l'on doit

---

(1) Comme cet ouvrage est destiné aux viticulteurs, nous leur recommandons fortement cette pratique pour les vins destinés à l'alambic. Les marcs de raisin, en raison de l'action peu énergique des pressoirs en usage dans les vignobles, contiennent encore, après une pression prolongée, une proportion considérable de jus. En mouillant les râpes avec de l'eau, comme l'indique M. Pallas, on recueillera un liquide passablement sucré qui, s'écoulant avec celui des raisins, se convertira en alcool par la fermentation.

Certains viticulteurs emploient ces râpes aigres à fabriquer de l'acétate de cuivre (vert-de-gris). Cette fabrication se fait en grand dans certains arrondissements de Montpellier : elle pourrait être pratiquée partout, le procédé étant très-simple et peu compliqué.

» employer ne doit pas excéder la moitié de la totalité » du jus obtenu par la première expression.

» Si, au lieu d'un temps sec et chaud, la récolte des » tiges de maïs a été précédée d'un temps très-humide » et pluvieux, le *vesou* est moins riche en sucre et sur- » tout en sucre cristallisable. La trempe avec l'eau de- » vient moins nécessaire, à moins que le fabricant ne » veuille faire fermenter le jus de maïs pour le conver- » tir immédiatement en alcool, dans la crainte fondée » où il serait, que ses frais de main-d'œuvre pour obte- » nir le sucre, ne dépassent les revenus de l'opération.

» Le jus de maïs contient du sucre cristallisable et » incristallisable, une fécule verte, du mucilage, de la » gomme, une substance fermentescible, de l'albu- » mine végétale, quelques sels et principalement du ni- » trate de potasse.

» Le parenchyme de la tige du maïs, peut servir, » ainsi que nous l'avons indiqué l'année dernière, » à deux usages essentiels : 1° à la nourriture » des bestiaux; 2° à la fabrication d'un très-bon » papier d'emballage. Ce parenchyme, divisé par la » râpe, est beaucoup plus propre à la fabrication du » papier, que clui préparée par tout autre moyen. » L'année dernière, j'ai fait connaître à l'Académie l'o- » pinion de M. Bellart sur l'application de la pulpe du » maïs à la fabrication du papier.

» J'avais indiqué les résultats de nouveaux essais faits » cette année par M. Hudelist, fabricant de papier à » Hallines, près Saint-Omer, que j'extrais d'une lettre » qu'il m'écrivit à ce sujet le 1er novembre 1835.

» J'ai fait l'essai de 50 kilogrammes de déchet de » tiges de maïs, passées à la râpe; et j'ai reconnu que » ces tiges avaient assez de ligneux pour servir à faire

» du papier d'emballage. La feuille que je vous envoie » a été faite avec ce maïs plus 10 pour cent de pâte de » chiffons gros-bulle. J'ai dû faire ce mélange à cause » de la trop petite quantité de matière reçue, pour la » travailler convenablement au cylindre. Toutefois » malgré cet inconvénient pour la trituration, j'ai ob- » tenu un papier *cartonneux et collé*.

» Les 50 kilogrammes de déchet, mêlés de 10 ki- » logrammes de pâte, m'ont fourni 25 kilogrammes » de papier fabriqué, et je crois qu'avec 50 pour cent de » pâte commune, j'aurais obtenu un papier très-solide, » bien collé, en ne donnant pas plus de soin à la tritu- » ration qu'en opérant sur les chiffons. Qu'enfin la » matière *brute* pourrait être achetée de 4 à 5 francs les » 50 kilogrammes (au sortir de la presse), selon le » cours des chiffons.

» Passées au lait de chaux, les tiges rejettent leur » couleur jaune, se triturent mieux, donnent un papier » plus pâle.

Papier-Maïs.

» *Fabrication.* — 50 kilogrammes de pulpe de maïs, » qui est encore humide en sortant de la presse, et » dont on a séparé la matière sucrée, sont mis dans un » cuvier avec quinze livres environ de chaux vive et une » quantité suffisante d'eau pour en former une espèce » de pâte claire; on remue le mélange de temps en » temps, et après quelques jours de contact, la pulpe » de maïs est triturée dans un moulin à cylindre comme » on le pratique pour le chiffon ordinaire.

» Après avoir réduit en pâte le résidu du maïs, comme » nous venons de le dire, il fut mêlé à cinq kilogrammes

» de pâte de chiffons gros-bulle, et on soumit encore le » mélange à une nouvelle trituration. Ces cinquante ki- » logrammes de parenchyme de maïs, mêlés de cinq » kilogrammes de gros chiffons, ont fourni vingt-cinq » kilogrammes de papier *cartonneux, bien collé*. M. Hu- » delist pense qu'avec cinquante pour cent de pâte com- » mune, il aurait obtenu un papier très-solide et encore » bien collé, en ne donnant pas plus de soins à la tritu- » ration, qu'en opérant sur des chiffons.

» M. Félix Vospette, fabricant de papier à Blen- » decques, a aussi fabriqué du papier avec les déchets » de maïs, par un procédé analogue au précédent; mais » au lieu de dix pour cent de pâte de chiffons employés » dans l'expérience faite par M. Hudelist, il en a mis » vingt pour cent, et il a obtenu, à peu de chose près, » la même proportion de papier. Si, au lieu d'employer » sa pulpe de maïs humide, c'est-à-dire immédiatement » après qu'elle a été pressée, on la laisse sécher avant » de la convertir en papier, on devra la faire bouillir » pour la ramollir et la soumettre ensuite, comme nous » l'avons indiqué, à l'action successive de l'eau de chaux » et du cylindre.

» Le papier fabriqué par M. Vospette, dimension » grand raisin, est souple, uni, très-solide, d'une nuance » pâle, sans odeur étrangère que celle de la paille dont » il provient. Il est naturellement collé, car en écrivant » dessus, il est impénétrable à l'encre ordinaire. La » main de vingt-cinq feuilles pèse une livre 6 onces » (686 grammes). Par conséquent la rame qui est de » vingt mains offre un poids égal à 27 livres (13 kilog. » 750 grammes); voir l'échantillon qui est au commen- » cement de ce chapitre.

» La pulpe de maïs perd, par la dessication, près des

» deux tiers de son poids : vingt livres de cette pulpe
» très sèche ont produit vingt livres douze onces
» (10 kilog. 372 gr.) de papier fabriqué. Il y aurait donc
» de l'avantage à fabriquer le papier maïs avec la pulpe
» humide, ce qui serait impossible dans une grande ex-
» ploitation où l'on devra faire sécher la matière pre-
» mière pour la conserver, et la soumettre successive-
» ment à la fabrication (1).

» Le capitaine Vergnaud, inspecteur de la poudrière
» d'Esquerdes, près Saint-Omer, a fait confectionner des
» gargousses et des cartouches avec le papier maïs; il a
» acquis la certitude que ce papier résistait davantage à
» l'humidité et qu'il était moins combustible que celui
» que l'on emploie habituellement aux mêmes usages.

» Les résultats des essais de M. Vergnaud sur cette
» nouvelle application du papier maïs, m'ont été trans-
» mis dans une note que je me plais à transcrire ici.

» Ce papier, très-épais, ne casse pas quand on le
» roule en cartouches d'infanterie; moins hygrométri-
» que que les autres papiers, il conserve très-bien la
» poudre à l'état sec; il brûle difficilement; il vaut mieux
» que le parchemin pour les gargousses de canons
» de 24.

» Je ne doute pas, continue M. Vergnaud, qu'en le

(1) Nous ne pouvons nous dispenser de faire ressortir l'avenir qui est réservé aux déchets des distilleries de maïs pour la fabrication des papiers d'emballage. Une puissante Compagnie vient de se constituer à Paris, dans le but seul de fabriquer, à l'usage des papeteries, de la pâte à papier composée de bois triturés. Les déchets de maïs pourront être employés et vendus, en concurrence des produits de cette Compagnie, avec d'autant plus de facilité, qu'ils n'ont pas à supporter les frais de fabrication de ces derniers. Le papier maïs aura même cet avantage qu'il se trouve naturellement *collé*, ainsi qu'on l'a déjà vu.

» préparant à l'eau d'alun au moment de sa fabrication, » et le lissant à la presse hydraulique, ce ne soit le » meilleur papier à employer pour les cartouches, les » gargousses et la confection de tous les artifices de » guerre et de réjouissance.

» Si M. Pallas veut faire fabriquer des grandeurs » voulues pour nos salles d'artifices, je lui conseille de » demander au ministre de la guerre qu'il en soit fait » des essais spéciaux, et je ne doute pas de la réussite, » à raison de ceux que le peu de papier qu'il m'a donné » m'a permis de faire.

» Le capitaine d'artillerie, inspecteur de la poudrerie » d'Esquerdes,

» Signé : VERGNAUD. »

» Nous terminerons ce chapitre en jetant un coup-» d'œil sur les dépenses et les revenus que la fabrication » du papier fait avec la pulpe du maïs, comparés avec » ceux de la fabrication du papier d'emballage avec le-» quel il offre le plus de rapprochement.

» *Dépenses et revenus de la fabrication du papier* » *d'emballage, bis ordinaire.*

» Il résulte des renseignements qui m'ont été donnés » par M. Félix Vospette, fabricant de papier d'embal-» lage à Blendecques, près Saint-Omer, qu'un atelier » composé de douze personnes, hommes, femmes et » enfants, fabrique, y compris le pliage, cinq rames de » papier par jour, chaque rame, comme l'on sait, est » composée de vingt mains de papier de vingt-cinq » feuilles l'une. Le prix de main-d'œuvre pour fabriquer » cette quantité de papier, est de 10 francs. Pour con-» fectionner ces cinq rames, dont le poids de chacune » est ordinairement de vingt-cinq livres (12 kilog. 500

» il faut 175 livres de chiffon (87 kilog. 500) dont le » prix est actuellement de 15 centimes la livre, ce qui » fait un total de 26 fr. 25 centimes.

» La fabrication fait éprouver au chiffon une perte de » 28 à 30 pour cent, c'est-à-dire que 100 livres de cette » substance, ne produisent que 70 à 72 livres de » pâte et 60 à 65 livres de papier fabriqué.

» Ce papier se vend ordinairement huit francs par » rame ; les cinq rames, par conséquent, 40 francs. » Ainsi en récapitulant, nous trouvons :

1° Pour la dépense chiffon, cent soixante-quinze livres à 15 cent. la livre.	26 25
Frais de main-d'œuvre.	10 »
Total.	36 25
2° Pour les revenus, cinq rames de papier à 8 fr. l'une.	40 »
Différence..	3 75

» Si nous pouvions établir au juste le chiffre des frais » de location, de l'usure des machines, et de l'intérêt » de l'argent, il est plus que probable que les 3 fr 75 c. » qui forment le produit net de la fabrication de chaque » jour, ne suffiraient pas pour balancer les dépenses et » qu'il s'en suivrait indubitablement une perte réelle » pour le fabricant. Mais dans ce genre d'industrie, » comme dans beaucoup d'autres, les fabricants pro- » fitent du moment où le chiffon est à bas prix, pour s'en » approvisionner, et au lieu de quinze centimes ne le » paient que dix ; ils se mettent ainsi en garde contre » les chances d'une hausse subite, qui pourrait leur » devenir très-préjudiciable. Ainsi, en opérant d'après » l'hypothèse que nous venons d'établir, il faudrait di- » minuer de cinq centimes par livre, l'importance du

» prix du chiffon et réunir cette différence du produit » net de chaque jour, ce qui donne 8 fr. 75 c., ajoutés » à 3 fr. 75, et produit un total de 12 fr. 50 centimes.

» Nous avons dit précédemment que cent livres de » pulpes de maïs humide donnaient quarante livres de » papier fabriqué; que la rame de papier pesait 27 livres » et demie; il faut donc pour fabriquer cinq rames, » 340 livres environ de cette substance, qui, en raison » de cette heureuse application, a acquis une valeur » de cinq centimes la livre. En somme : . . . 17 »

Main-d'œuvre . . . . 10 »

Total. . . . . 27 »

» En supposant que ce papier puisse être vendu le » même prix que le précédent, c'est-à-dire huit francs » la rame, les cinq vaudront quarante francs; il restera » un produit net de treize francs.

» Nous voyons d'après l'estimation comparative qui » précède, que le résultat est en faveur du papier maïs, » même dans le cas où le chiffon ne coûterait que dix » centimes la livre. Cette supposition, toute gratuite de » notre part, devient une chance favorable de plus, en » faveur du chiffon commun, dont le prix viendrait à » hausser subitement, hausse qui aurait par conséquent » une influence favorable sur la valeur du parenchyme » de maïs.

» Les avantages que nous signalons profiteront, non- » seulement au fabricant de papier, mais encore au » cultivateur et au fabricant de sucre de maïs. Celui-ci, » après avoir séparé la tige de cette plante de toute la » matière sucrée qu'elle renferme, vendra le résidu au » fabricant de papier, s'il n'aime mieux lui-même faire » cette exploitation à son profit.

» Ajoutons encore que cette application pourra de-

» venir d'une précieuse ressource si, par des causes que » nous ne pouvons prévoir, le gros chiffon venait à man- » quer ; nous aurions alors en abondance de quoi le » remplacer à très-bas prix. Remarquons que la fabri- » cation du papier avec cette substance donne une » grande valeur intrinsèque à un produit territorial » très-abondant, qu'on laisse perdre dans beaucoup de » localités, et que l'on brûle sur place dans d'autres, » pour éviter les frais de déplacement. »

Nous avons cru utile de relater tout au long le chapitre relatif au papier maïs. L'intérêt que cette fabrication peut avoir pour beaucoup de localités, pour la ville d'Angoulême, par exemple, nous a engagé à n'en rien retrancher, d'autant que ce sujet se rattache directement à la distillation agricole du maïs qui est le but de notre travail. Un emploi si remarquable et si naturel de ces résidus, ne pouvait être passé sous silence.

On s'aperçoit, en lisant l'ouvrage de M. Pallas, qu'il se propose constamment la fabrication du sucre de maïs cultivé pour sa graine : il ne parle qu'accidentellement de la distillation de son jus. Pourtant cette dernière industrie eût été plus rationnelle que celle du sucre, car, d'après son propre aveu, la quantité de sucre incristallisable contenue dans la tige de maïs, s'élève à 4 p. cent, tandis que celle du sucre susceptible de cristalliser, n'est que de 2 p. cent seulement. Pour nous rendre compte de cette préoccupation de notre auteur qui cherche à introduire dans le Midi, patrie du maïs, une fabrication inconnue, au lieu d'une autre, la distillation qui y est pratiquée depuis longtemps, il faut nous reporter au temps où son ouvrage fut publié. A cette époque, un grand nombre de propriétaires du Nord, et avec eux les chimistes les plus éminents, avaient cru possible la fabrication en petit du sucre, et ils poussaient à l'installation de petites fabriques, dans chaque ferme. Quelques tentatives dans ce sens, ayant été menées à bonne fin, par quelques cultivateurs intelligents, chacun crut le problème résolu. M. Pallas partagea, comme les autres, cette illusion qui dura peu. La fabrication du sucre de betterave en petit, n'est point passée à l'état pratique. Les connaissances variées que nécessite cette industrie et le niveau relativement très-bas de ces mêmes connaissances dans les campagnes, ont paralysé les bonnes dispositions du plus grand nombre. Les espérances qu'on avait conçues à ce sujet se sont évanouies et n'ont pas été réalisées même aujourd'hui, après un laps de vingt années.

M. Pallas ne parle pas non plus de la culture du maïs sans égard à sa graine, et en vue seulement de la fabrication du sucre et de l'alcool. Cependant, dans un mémoire supplémentaire qu'il adressa, dans le temps, à l'Académie, il annonça que les tiges de maïs qui ont été dépouillées de leurs fleurs femelles, à l'époque de la fécondation, contiennent plus de sucre que celles qui ont été abandonnées à leur développement naturel. Ce résultat ne paraissant pas suffisamment établi, quoi qu'il soit conforme aux lois de la physiologie végétale, l'Académie chargea l'un de ses membres, M. Biot, de soumettre le maïs à des expériences décisives; et elle désira qu'on mît à profit cette occasion pour apprécier exactement, s'il était possible, la nature, ainsi que la quantité absolue de sucre que les tiges de maïs contiennent dans les deux états.

M. Biot s'étant adjoint M. Soubeiran, directeur de la pharmacie centrale, les expériences eurent lieu le 13 août 1842, sur du maïs cultivé tout exprès au Jardin des plantes, sous la direction de M. Neumann, jardinier en chef des serres.

Après avoir coupé un nombre à peu près égal de tiges, on les débarrassa de leurs feuilles et des graines enveloppantes; ensuite elles furent présentées à la râpe, puis à la presse hydraulique. Voici le résultat obtenu par MM. Biot et Soubeiran.

	Tiges châtrées.—		Non châtrées.	
Poids de la pulpe pressée............	3 k.	700	3 k.	555
Poids du marc pressé...............	1	444	1	298
Poids du suc extrait................	2	253	1	298
Poids pondérable du suc dans la plante.	0	60 0/0	0	63 0/0

Sur la question de savoir quelle quantité de sucre cristallisable est contenue dans les tiges de maïs châtrées et non châtrées, voici les rapports trouvés :

Tiges de maïs châtrées. — Poids absolu du sucre de canne cristallisable existant dans un litre de suc . . . . 113 gr. 79.

C'est-à-dire 10 p. cent du suc immédiatement extrait par la pression, puis déféqué et décoloré.

Tiges de maïs non châtrées. — Poids absolu du sucre de canne cristallisable existant dans un litre de suc, c'est-à-dire un peu plus de 8 p. cent du poids du suc préparé comme le précédent.

« Nous n'avons pas le désir, dit le rapporteur, de
» provoquer imprudemment l'industrie à tenter des
» voies nouvelles, mais nous ne devons pas non plus
» l'en détourner par une timidité exagérée. Si le maïs
» pouvait être exploité avec succès pour le sucre que ses
» tiges renferment, il aurait en agriculture de grands
» avantages sur la betterave. Celle-ci occupe la terre
» pendant toute la belle saison, et sa récolte coïncide de
» trop près avec les semailles d'hiver pour qu'on puisse
» lui faire succéder le blé avec profit, tant par l'emploi

» des attelages que son transport exige, que par le peu » de temps qu'elle laisse pour préparer le sol pour rece- » voir un nouvel ensemencement. Aussi sa culture en » grand se fait principalement aujourd'hui sur des ter- » rains qui lui sont exclusivement réservés. Le maïs, » au contraire, accomplit en quelques mois toutes les » phases de sa végétation ; sa récolte laisse encore après » elle beaucoup de temps pour préparer le sol à rece- » voir les semailles d'hiver, et elle en laisserait encore » plus si on l'exploitait pour la fabrication du sucre, » puisqu'il faudrait alors l'enlever bien avant la matu- » ration du grain. Il ne nous semble pas démontré que, » pour ce but d'exploitation, l'enlèvement des fleurs » femelles fût indispensable ou même utile. Car, indé- » pendamment du travail considérable que cette opéra- » tion exigerait dans une grande culture, les plaies pro- » duites par la castration nous ont paru nuire évi- » demment au développement de la plante, et, d'un » autre côté, la consommation du sucre opérée par » l'épi, est proportionnée au développement de ses » grains ; de sorte que si l'on coupait la tige peu après » qu'ils sont formés, sans leur laisser le temps de gros- » sir, on perdrait peut-être moins de sucre que par leur » alimentation, on en gagnerait par la conservation » de la vigueur de la plante, et l'on épargnerait ainsi à » la fois un travail difficile et coûteux. Mais quelques » mesures de déviation, faites avant et après l'époque » de la fécondation, sur les sucs des tiges châtrées et » non châtrées, auraient bientôt décidé de ce point. Pro- » bablement encore, toutes les variétés de maïs ne sont » pas également productives en sucre, et il conviendrait » de les essayer comparativement. Enfin, et c'est le » point le plus important pour une spéculation indus-

» trielle, il faudrait examiner si les substances asso-
» ciées au sucre cristallisable dans le suc de maïs n'of-
» friraient pas de trop grands obstacles. Car, outre la
» matière précipitable par l'alcool que nous avons re-
» connue dans le suc extrait par pression, et qui peut
» être fort complexe, outre les petites proportions de fé-
» cule incristallisable, tournant à gauche, qui ne seraient
» pas perceptibles aux procédés optiques, quoiqu'ils
» embarrassent la fabrication. Mais en associant ces
» procédés aux épreuves d'une chimie intelligente, il
» nous semble que la récolte d'un hectare de terre semée
» en maïs, serait bien plus qu'abondamment suffisante
» pour effectuer tous les essais que nous venons d'indi-
» quer, et pour résoudre ainsi complètement la question
» industrielle toute différente de la question scienti-
» fique. Cette épreuve pourrait avoir des conséquences
» commerciales si importantes, que nous désirons vive-
» ment qu'elle soit faite avec tous les soins qui la ren-
» draient décisive, et qu'il est facile d'y apporter. »

Du rapport de MM. Biot et Soubeiran, il résulte :

1° Que le jus du maïs châtré contient 10 p. cent de sucre cristallisable ;

2° Que le jus du maïs non châtré ne contient que 8 p. cent du même sucre ;

3° Que néanmoins, comme la castration nuit au développement ultérieur de la plante, il est préférable, tout bien considéré, d'abandonner le maïs à son développement naturel, à condition qu'on ne laissera pas prendre à la graine un accroissement trop considérable, accroissement qui aurait pour effet de consommer à son profit, la plus grande partie du sucre contenu dans la plante.

En rapprochant le chiffre de 8 p. cent de celui de

M. Pallas, qui est de 6 pour cent, on s'étonne de voir qu'il y ait une si faible différence entre le rendement en sucre du maïs qui a mûri sa graine, et celui qui a été récolté bien avant la maturation de son fruit. Cette anomalie contraire aux plus simples notions de la physiologie végétale, s'explique par ce fait que MM. Biot et Soubeiran n'ont tenu aucun compte de tous les produits accessoires contenus dans le suc du maïs, autres que le sucre cristallisable ; produits qui, comme chacun sait, sont susceptibles de se convertir en alcool par la fermentation. Cette omission calculée ou fortuite, a diminué d'autant le chiffre de leur analyse.

Cependant, comme notre but est tout autre, comme nous nous occupons surtout du maïs sous le point de vue de la distillation, il nous importe de rechercher approximativement quelle peut être la proportion du sucre incristallisable contenu dans la tige. M. Pallas a trouvé 4 p. cent pour le maïs cultivé pour la graine. Nous ne pensons pas qu'on nous taxe d'exagération en ne prenant pour base de notre calcul que la moitié de ce chiffre. Ces 2 p. cent, réunis aux 8 pour cent de sucre cristallisable déjà constatés par MM. Biot et Soubeiran, portent le rendement, en sucre, du maïs cultivé sans sa graine, à 10 p. cent.

Du Sorgho.

La plante connue sous le nom de sorgho est depuis longtemps cultivée en France, mais elle n'est pas désignée sous ce nom. Dans l'Ouest, on la connaît sous le nom de *Mil à Balais* et sous le nom de *Milioque* dans la Gascogne et le département des Landes.

Dans sa jeunesse, notre sorgho indigène ne diffère que très peu du maïs, même port, mêmes feuilles, même rapidité de croissance. Mais à mesure que la plante grandit, l'aspect propre à chacune d'elles prend un caractère distinctif. Les feuilles du sorgho sont moins développées; ses tiges plus dures, plus ligneuses, s'élèvent davantage, tandis que celles du maïs, plus tendres, plus volumineuses, conservent les apparences de celles de la canne à sucre.

Cette circonstance qui se rencontre également dans le sorgho sucré, nous amène à penser qu'il serait sans doute préférable au maïs pour la fabrication du sucre, parce que son jus doit contenir moins de mucilage. Chacun sait que ce produit nuit au travail dans les fabriques de sucre.

Voici, sur le sorgho à sucre, un article que nous trouvons dans le journal *L'utile et l'agréable*, dans son numéro 4 du mois d'avril 1855.

« Le sorgho à sucre (*Holcus saccharatus*) a été in-
» troduit en France par M. de Montigny, qui a rapporté
» cette plante de la Chine, où on la cultive comme le
» blé. Elle y est désignée sous le nom de canne à sucre
» du nord de la Chine. Les Tartares chinois en font
» un grand cas. Lors de la grande exposition de Mos-
» cou en 1852, quelques épis de cette même espèce
» de sorgho étaient exposés sous le titre de *Précieux*
» *Gaoutlam de la Chine graminé.*

» Des essais de culture de cette plante ont été faits
» dans plusieurs de nos départements où on a acquis
» la preuve qu'elle mûrit parfaitement dans le midi
» de la France.

» Un rapport du comice agricole de Toulon au
» ministère de la guerre, a communiqué de curieux

» détails sur le sorgho à sucre, sous le rapport du » progrès agricole et de ceux de l'industrie du sucre et » de la distillation. Les diverses expériences faites » dans *le Var* ont donné des résultats pratiques fort » importants, à savoir que le *vesou* ou jus obtenu du » sorgho, est doué d'une richesse alcoolique bien su- » périeure à celle de tous les succédanés de la vigne.

» La betterave à sucre contient 8 à 10 pour cent de » matière saccharine. Le sorgho, comme l'ont prouvé » les expériences faites à Verrières, par M. Vilmorin, » a donné 16 à 20 0/0, dont on peut tirer 8 à 10 » litres d'alcool pur, propre à tous les usages indus- » triels et domestiques; et, comme cette précieuse » graminée, excellente nourriture pour le bétail qui » la recherche avidement, se développe avec une » extrême rapidité, là même où l'irrigation est rare » et difficile, on comprendra le rôle important qu'elle » peut jouer dans nos cultures et surtout dans » celles de l'Algérie.

» M. Turrel, l'auteur du rapport, dit qu'en accep- » tant pour la France le rendement obtenu à Ver- » rières par M. Vilmorin avec des sorghos cultivés » dans son domaine, nous aurions le résultat suivant : » Le sorgho fournit, au minimum 50 0/0 du poids de » la tige en jus sucré; comme la production minimum, » calculée d'après le rendement de Verrières, serait » de 30,000 kilogrammes de jus à l'hectare, on pour- » rait extraire au moins 21 hectolitres d'alcool d'une » valeur de 3,780 francs, ce qui donnerait à l'hectare » un rendement qu'aucun autre produit agricole ne » saurait égaler. Ajoutons que le rendement en Pro- » vence et en Algérie serait probablement plus élevé » que le produit constaté à Verrières (Seine-et-Oise).

» M. Vilmorin signale un avantage remarquable du » sorgho : La pureté de son jus fait que les eaux-de-» vie de premier jet sont assez pures pour être livrées » directement à la consommation. M. de Beauregard, » dans un récent rapport au comice de Toulon, a » établi qu'ayant distillé les jus de sorgho fermentés » à l'aide des rafles de la vigne ou des bagasses de la » canne elle-même, il a obtenu un alcool bon goût qui » a été vendu sur la place de Marseille, au prix cou-» rant des alcools ordinaires. (200 francs l'hecto-» litres de 3/6.)

» Plusieurs cultivateurs de la Haute-Marne se sont » aussi occupés de la culture du sorgho. L'un d'eux » M. Ponsard, s'est livré depuis trois ans à des essais » sur cette plante. J'y ai gagné, dit-il, la conviction » que *l'holcus saccharatus*, ne pourra, sous le climat » de Paris, être utilisé dans la grande culture. Il sera » d'un très grand rendement comme fourrage, mais » comme plante à sucre, il ne sera bien lucratif que » dans le Midi. C'est aussi ce qu'ont bien compris les » grainetiers de Paris, qui font faire dans la Provence, » leurs graines du comme.. e. Cette plante est prodigue » de sa graine, il est présumable que dans peu on se la » procurera à aussi bas prix que celle des autres sorghos.

» Culture facile, rusticité extraordinaire, rendement » considérable sous trois états différents, graine, four-» rage et sucre, tels sont les avantages présentés par » cette plante.

» Son sirop est sans goût étranger, son alcool très » pur et sans trace d'huiles empyreumatiques, si abon-» dante dans l'alcool de betterave.

» Les jus fermentés forment une boisson fort agréa-» ble. M. Vilmorin en a fait un cidre tout-à-fait ana-

» logue au cidre de pommes. Il en a mêlé, en quantités » variables, à des cidres, à des boissons de fruits, et » toujours avec un avantage marqué.

» Dans la nécessité de ne pas enterrer la graine de » cette plante, pour faciliter la germination, les semis » devront être mis en pépinière pour la garantir (1) des » oiseaux et des animaux rongeurs. Toutefois, ajoute » M. Ponsard, il est à espérer, et je suis déjà sur la voie » de ce résultat, que la culture, sous le climat de Paris, » rendra cette plante plus précoce, et que l'on décou- » vrira quelque variété mûrissant bien ses graines sous » cette latitude. Dans ces conditions l'Holcus saccharа- » tus prendra sa place dans tous les jardins. Le manœu- » vre trouverait, dans la culture de quelques ares de » cette plante, des graines pour ses oiseaux de basse- » cour, du fourrage pour sa vache et une boisson géné- » reuse qui remplacera avantageusement l'âpre boisson » de prunelles, et qui ne lui manquera jamais.

» Nous signalons, en terminant, les essais de culture » du sorgho à sucre qui ont été faits à Hyères, par » M. Rantonnet. La plante, dans des conditions moyen- » nes, a fourni 30,000 kilogrammes de jus à l'hectare, » rendement qui dépasse celui de la betterave. Une tige » de 450 grammes donne 150 grammes de jus conte- » nant 10 à 13 0/0 de sucre.

---

(1) Nous ne sommes pas de l'avis de M. Ponsard. La culture du sorgho à sucre, qui est tout-à-fait semblable au sorgho à balais, doit être pratiquée de la même manière. Sa transplantation nuirait à son développement ultérieur. Pour préserver la graine contre les oiseaux, il vaudrait mieux faire surveiller les semis, comme on le fait pour le chanvre, jusqu'à ce que la plante soit sortie de terre et ait acquis assez de force pour se défendre contre leur voracité. On pourrait, pour hâter cet instant, faire germer la graine à l'avance.

Avant d'aller plus loin, il nous paraît utile de comparer entr'eux les différents végétaux saccharifères, sous le rapport de leur rendement en sucre.

1°	La canne à sucre donne, par l'ancien procédé	14 0/0
	par le nouvel appareil perfectionné de Derosne et Cail.	20 0/0
2°	Le sorgho cultivé dans le midi	20 0/0
3°	L'érable	4 0/0
4°	La betterave	10 0/0
	mais dans la pratique on n'obtient que. .	6 0/0
5°	Le topinambour de 15 à 16 0/0	15 0/0
6°	Le maïs cultivé à Paris.	10 0/0
7°	Le maïs cultivé à la Nouvelle-Orléans.	17 0/0

Si ce dernier chiffre est exact, ce que nous ne sommes pas éloigné de croire, le maïs cultivé dans le midi de la France aurait un rendement à peu près équivalent. On comprend qu'il en est du maïs comme du sorgho. Dans les années pluvieuses, leur jus contenant plus d'eau doit par cela même contenir une moindre proportion de sucre; c'est ce qui explique les différences qu'on remarque dans les analyses exécutées par divers expérimentateurs.

Nous voici donc en possession de deux plantes également intéressantes, également productives de sucre. S'il existe entre elles quelques différences sous le rapport du rendement, ce ne peut être qu'en plus ou en moins, mais leurs jus exprimés sont chimiquement les mêmes. Ces deux variétés ont entre elles une parenté si rapprochée, que nul ne s'étonnera de leur voir donner des produits similaires.

Nous avons vu, dans l'article extrait du journal *L'utile et l'agréable*, que M. Vilmorin a fabriqué, avec le jus fermenté du sorgho sucré, un cidre de bonne qualité. La liqueur fermentée du maïs sera tout-à-fait semblable. Ce qui confirme cette vérité, c'est qu'au Chili et dans une partie de l'Amérique du Sud, au dire des voyageurs, on fabrique avec la tige du maïs une espèce de liqueur fermentée, appelée *Chica* qui a, disent-ils, l'apparence et le goût d'un vrai cidre de pommes. Ils ajoutent qu'elle y est d'un usage général dans les ménages, et que, distillée, elle fournit une eau-de-vie fort agréable, qui a de l'analogie avec le *rhum*. Par ces motifs, nous prévenons le lecteur que, dans tout ce qui va suivre, nous ne distinguerons plus ces plantes l'une de l'autre, pour tout ce qui a trait à l'époque de leur maturité, à l'effeuillage et au râpage de leurs tiges, à la pression de leurs pulpes, à l'emploi de leurs résidus. Elles devront être traitées de la même manière en tout et pour tout. Nous n'avons donc rien à ajouter aux procédés décrits par M. Pallas, que nous avons reproduits au commencement de notre travail. (Voir pages 14 à 29).

Nous n'avons pas l'intention d'engager les propriétaires à préférer le maïs au sorgho, mais cette circonstance ne doit pas nous enlever notre libre arbitre, et nous empêcher de dire notre sentiment que voici : Nous le disons hautement, nous sommes persuadé que le rendement en sucre du maïs ne le cède pas au sorgho sucré. Quand on songe que celui cultivé à Paris a donné 10 p. cent de sucre, que n'est-on pas en droit d'espérer de celui qui croît dans le midi de la France ; puisque le maïs de la Nouvelle-Orléans a donné jusqu'à 17 p. cent, pourquoi celui des environs de Marseille, dont la température est à peu pres la même, ne lui serait-il pas égal? Ce que nous disons ici, ne repose, il est vrai, sur rien de positif, personne n'ayant eu la curiosité de s'assurer de la richesse de son jus sous cette latitude. Mais le raisonnement indique que cette opinion est probable et admissible. Pour vider cette question d'une manière officielle, nous engageons ceux qui cultivent ces deux plantes, à se livrer à des essais comparatifs. Si nous insistons en faveur du maïs, c'est qu'on le rencontre partout, tandis que le sorgho sucré est rare encore ainsi que sa graine, qu'on ne se procure qu'à des prix élevés. Puis, comme le maïs peut donner de l'eau-de-vie, sans nuire à son produit alimentaire, il a, dans ce cas, un avantage marqué sur le sorgho qui est loin, sous ce point de vue, d'offrir les mêmes résultats.

En voyant tout le bien qu'on dit du sorgho à sucre, et les articles publiés à sa louange, nous ne nous expliquons pas pourquoi le maïs est mis en oubli. Est-ce affaire de spéculation, ou engouement pour un produit nouveau, comme il s'en produit chaque jour? Nous l'ignorons. Nous sommes loin de dissuader les agriculteurs de la culture du sorgho sucré. Nous nous plaisons à lui rendre au contraire un éclatant hommage, et nous le plaçons au premier rang de nos récentes acquisitions agricoles. Mais, ses avantages ne doivent pas nous empêcher de rendre à chacun, comme à chaque chose, la justice qui leur est due.

En attendant donc que la culture du sorgho se généralise dans nos provinces méridionales, nous engageons les cultivateurs à distiller la tige du maïs. Outre le produit en eau-de-vie, ils trouveront dans les résidus le moyen d'augmenter la nourriture des bestiaux, dans une contrée où elle est généralement rare et chère.

Qu'on opère au reste sur le maïs ou sur le sorgho

sucré, les résultats seront à peu près les mêmes. Le point capital, pour obtenir un plein succès, c'est de saisir au juste le moment favorable pour cueillir les tiges. Trop tôt, la plante contient trop de mucilage et de gomme ; trop tard, la graine a consommé une partie du sucre contenu dans la tige, au moins, pour ce qui est du maïs.

Il est probable qu'on se décidera un jour à élever dans le midi des fabriques pour exploiter le sorgho sucré, que nous croyons plus propre à la fabrication du sucre que le maïs, parce que nous jugeons que son jus doit contenir moins de mucilage et de gomme. Le rendement du sorgho sucré étant égal à celui de la canne à sucre, les fabricants du midi pourraient lutter avantageusement contre les sucres de betteraves et des colonies. Des entreprises de ce genre donneraient de gros bénéfices. Non-seulement le sorgho sucré est plus riche que la betterave, mais il croît encore bien plus vite que la canne à sucre. L'emploi remarquable qu'on peut donner aux mélasses et aux pulpes de cette plante, la place, sous ce rapport, dans une position exceptionnelle et privilégiée.

Ce que nous disons de l'érection des fabriques de sucre dans le midi de la France, pour l'exploitation du sorgho sucré, doit être considéré plutôt comme un vœu, que comme une espérance. Combien de temps s'écoulera encore avant qu'il se réalise ? On est si loin, dans ces contrées, des idées industrielles appliquées à l'agriculture, que nous croyons peu à la réalisation prochaine de pareilles entreprises.

Mais dès aujourd'hui, avec le maïs et le sorgho sucré, on peut obtenir, avec un outillage très-simple, un sucre remarquablement pur, peu cher, qui servira à augmenter la richesse alcoolique de nos vins dans les mauvaises années. Ce sucre, à l'état de sirop, remplacera avc avantage les sirops de fécule et les sucres des colonie qui sont d'un prix trop élevé pour être appliqués à cet usage. Indépendamment de l'emploi bien connu de ces sirops, ils tiendront leur place dans la consommation des ménages. Les jus fermentés avec les râpes dé vins donneront un produit qui participera de certaines qualités propres aux meilleurs vins blancs. On pourra en fabriquer des cidres, des bières, des vins factices à bon marché, à l'instar de ceux qui sont expédiés de *Cett* sur tous les points du globe.

Tout le monde pourra ainsi dans les vignobles participer aux bénéfices attachés à ces cultures et à ces fabrications. Les plus petits comme les plus grands propriétaires possèdent les appareils et ustensiles nécessaires à l'extraction des jus et à leur mise en fermentation; l'acquisition d'une simple râpe, d'un prix peu élevé, complètera leur outillage. Il est impossible d'obtenir, à moins de frais, des résultats plus sérieux et plus importants, au double point de vue des profits présents et de l'amélioration future et progressive des terres.

Nous croyons qu'il serait possible de fabriquer, en grand, un cidre de cette espèce, auquel on pourrai donner la propriété de se conserver indéfiniment comme le vin. Nous ne savons à quoi cela tient, mais ce problème, poursuivi par un grand nombre d'inventeurs, n'est pas encore résolu. Dans les tentatives qui surgissent en foule, à Paris, depuis quelque temps, pas une n'a obtenu les résultats désirés. Les boissons artificielles ont pris un grand développement, mais celles que nous avons été à même de déguster, ne nous ont nullement satisfait. Le prix des vins continuant à demeurer très-élevé, il serait pourtant intéressant, à plus d'un titre, de pouvoir le remplacer économiquement. Il faudrait que, sans ressembler au vin, auquel il n'emprunterait que la propriété de pouvoir se conserver, sans aigrir ni tourner, ce nouveau composé participât des qualités propres aux cidres ou aux bières, indifféremment. Les bières de Bavière qui s'expédient à de grandes distances, et qui se conservent bien sous toutes les latitudes, nous démontrent que la chose est possible et déjà pratiquée. Le cidre de maïs ou de sorgho sucré, une fois la recette connue, serait fabriqué et consommé partout. Le surplus des besoins serait distillé par les viticulteurs chez lesquels il existe des distilleries comme dans les départements des deux Charentes, par exemple, où chacun convertit en eau-de-vie sa récolte de vin. Dans les pays où les choses se passent différemment, dans les contrées où de grands spéculateurs achètent toute la récolte en vin d'un canton pour la distiller, ces cidres leur seraient de même vendus et livrés, logés en barriques, pour subir la même opération.

Extraction des jus du maïs et du sorgho sucré.

Pour extraire les jus des végétaux saccharifères, il existe, indépendamment de la pression dont nous avons déjà parlé, un procédé expéditif : c'est la macération. Ce système a été appliqué avec succès à l'épuisement de la betterave. Il a été reconnu, qu'ainsi traités, les jus sont plus purs, fermentent mieux et s'altèrent moins que lorsqu'ils sont le résultat d'une pression prolongée Indépendamment de la continuité, qui est le propre de la macération, le traitement des betteraves, par cette méthode, leur est favorable sous d'autres rapports. D'une part, le liquide acidulé bouillant, augmente le sucre dans les betteraves en les saccharifiant, de l'autre, il élève la température des jus et les dispose à subir une bonne fermentation. La macération est donc particulièrement avantageuse et applicable aux distilleries de betteraves qui, presque toutes, fonctionnent dans le Nord et dans les jours les plus froids de l'année.

Mais il en est tout autrement du maïs et du sorgho sucré. Leur distillation devant se faire dans le Midi, et le plus souvent dans les grandes chaleurs, le chauffage des jus n'est plus nécessaire, pas plus que la saccharification, le sucre se trouvant tout formé dans ces plantes. La macération à l'eau froide aurait pour effet d'affaiblir les jus, et c'est juste sous ce point de vue que la presse lui est préférable, parce qu'elle les donne plus sucrés et plus denses. Dans cet état, ils donnent moins d'embarras pour la fermentation et la distillation. Quoiqu'il soit reconnu que plus le sucre est étendu d'eau, plus prompte et plus complète est sa conversion en alcool, néanmoins on peut suppléer à cette absence d'eau, par une température plus élevée, jointe à une augmentation de ferment. Comme les alambics déjà établis dans les vignobles fonctionnent lentement, et que nous ne voulons pas les changer, il est bien préférable, on le comprend, de distiller des jus fermentés de 10 à 12 degrés du saccharomètre, que des liqueurs de 5 à 6 degrés comme celles de la betterave, obtenues par macération.

A tous ces motifs, ajoutez que partout chez les viticulteurs, il existe des pressoirs dont chacun connaît l'emploi. Il est donc inutile de faire de nouvelles dépenses et un nouvel apprentissage. La pression du maïs se faisant comme celle du raisin, il n'existe aucune raison fondée de changer des habitudes dès longtemps contractées.

Fermentation.

Les jus du maïs et du sorgho sucré contiennent naturellement leur ferment, mais en petite quantité; il faut donc y en ajouter, et même forcer la dose pour opérer plus rapidement. Cette promptitude est surtout nécessaire lorsque la liqueur est destinée à une distillation immédiate. Il sera bien au contraire d'en user sobrement lorsque cette espèce de cidre devra être conservée longtemps.

La quantité de levure de bière bien fraîche, à employer, est de cinq cents grammes par hectolitre de jus mis en fermentation.

Dans les campagnes éloignées des villes, il sera souvent difficile de se procurer de la levure de bière bien fraîche, parce que les fabriques de bière y sont plus rares que dans le nord. Pour obvier à cet inconvénient qui pourra se présenter malgré toute la vigilance possible, nous proposons, pour la remplacer, les lies de vin, rouges ou blanches, pressées et un peu putréfiées, qu'on aura soin de faire dissoudre dans les jus, dans la même proportion que la levure. Il est bon de noter que les lies blanches ont moins d'action que les rouges, et qu'il en faut, pour cette raison, une plus grande quantité pour produire le même effet. La levure, lorsqu'on aura pu s'en procurer, devra être conservée dans un endroit très-frais, jusqu'au moment de l'employer, autrement elle passerait à la putréfaction, et ne serait plus d'un bon usage.

La fermentation des jus pourra se faire indifféremment

dans les grands tonneaux destinés aux vins, ou dans les futailles qui sont toujours disponibles, dans la belle saison, dans les pays à distillation. Il est à remarquer que la fermentation se fait plus vite et d'une manière plus complète, dans les vases d'une grande capacité, que dans ceux qui sont plus petits. Une température plus élevée aussi est nécessaire pour ces derniers. Cependant à défaut des premiers on se servira des seconds. Mais il faudra pratiquer la méthode employée pour les vins destinés à la chaudière. Ces vins sont fermentés seuls et sans les marcs, dans des futailles qu'on remplit incomplètement. Ce procédé présente deux avantages. Le premier, c'est d'éviter la perte du liquide, qui se répand en pure perte par la bonde, pendant la fermentation tumultueuse. Le second, c'est de rendre la fermentation plus prompte, en raison de ce que le liquide sucré se trouve en contact avec une plus grande masse d'air. Cette circonstance est fort importante pour la production de l'alcool. Chacun sait que si le vin conserve encore de la douceur, au moment de l'introduire dans l'alambic, il y a perte pour le distillateur. Cette circonstance indique que tout le sucre n'est pas décomposé, c'est-à-dire, n'est pas converti en alcool. Lorsque la fermentation tumultueuse sera terminée, si l'on ne se propose pas de distiller la liqueur immédiatement, on pourra la tirer des tonneaux et la transvaser dans les futailles afin d'éviter l'évaporation qui aurait lieu dans des vases incomplètement fermés.

Ateliers de fermentation.

Nous dirons peu de chose sur les ateliers de fermentation ; leur température devra être maintenue de 25 à 30 degrés. Dans l'été, il sera bien de prendre certaines précautions, pour ne pas dépasser ce chiffre. A cet effet, il faudra ouvrir les portes et les croisées pendant la nuit, et avoir soin de les refermer le matin de bonne heure. Afin de maintenir, dans l'atelier à fermentation, une température constante, il ne faudra y passer que pour les besoins du service, et tenir, dans les intervalles les ouvertures exactement fermées. Il est bien entendu, que tout ce que nous disons ici, ne s'applique qu'à la distillation qui sera pratiquée dans l'été, sur le maïs et le sorgho sucré destinés aux bestiaux, et dont on extrait préalablement les jus pour les faire fermenter et distiller, cette fabrication qui peut commencer dans le courant de juin, devra se continuer pendant les mois de juillet, août et septembre, pour se terminer vers la fin d'octobre.

Quant à la distillation des maïs et des sorghos sucrés dont on récolte la graine, comme elle se fait dans l'automne, il ne sera plus nécessaire de se prémunir contre un excès de température. Il pourra être utile au contraire, dans certains cas, de chauffer le local artificiellement, et même les jus.

Pour éviter l'achat continuel de nouvelles quantités de levure de bière, il faudra avoir soin de remplir exactement quelques pièces, de manière à ce que le ferment qui s'échappe par la bonde, puisse être recueilli dans un vase placé au-dessous à cet effet. Ce ferment servira, en guise de lie de vin ou de levure de bière, aux fermentations subséquentes. On enlèvera de même le ferment qui surnagera au-dessus des grands tonneaux, et on tiendra le tout en réserve, dans la cave, jusqu'au moment d'en faire usage.

Lorsqu'on jugera convenable de laver les pulpes ou

parenchymes, au lieu d'eau pure, on devra se servir de vinasses de vin ou autres, et puis les soumettre de nouveau à la presse. Ces vins assez refroidis, contenant leur ferment, permettront de diminuer d'autant la quantité jugée nécessaire à une bonne fermentation.

Pour chauffer les jus du maïs et du sorgho sucré, lorsqu'on le jugera convenable, il suffira d'un grand chaudron, s'il s'en trouve chez le propriétaire. Dans le cas contraire, on emploiera à ce travail la chaudière qui sert à distiller les vins, en prenant la précaution de la bien faire nettoyer à l'avance.

Au lieu de vendre les cidres de maïs et de sorgho sucré, fabriqués pour l'alambic, à des distillateurs de profession, il sera bien plus fructueux, pour les propriétaires, de les distiller eux-mêmes. Nous engageons donc tous ceux qui voudront se livrer à cette industrie, à faire l'acquisition d'appareils dans le genre de ceux que nous indiquons un peu plus loin. Cette pratique est bien préférable à celle en usage dans le Midi. Là, le propriétaire est obligé de soigner ses vins et de supporter la perte résultant de l'opération, jusqu'au moment où il les livre au distillateur. De plus, les frais de transport, jusqu'à la distillerie, sont à sa charge, toutes choses qui diminuent d'autant ses profits. Le prix de ces alambics est peu élevé, et ils donnent d'excellents produits en eau-de-vie. Comme ils sont peu compliqués, les ouvriers les plus ordinaires peuvent les conduire, après quelques jours d'apprentissage.

La méthode que nous avons adoptée pour la distillation du maïs et du sorgho sucré, est si simple, si détaillée, que sa mise en pratique ne présentera, nous l'espérons, aucune difficulté. Chacun pourra, notre ouvrage à la main, entreprendre cette industrie.

Quelques établissements modèles, montés par les soins de l'auteur, à la sollicitation des intéressés, faciliteront encore cette révolution économique.

Dans les départements des Deux Charentes particulièrement, cette industrie est praticable immédiatement, sans embarras, sans frais, sans rien changer à la disposition à l'agencement des distilleries existantes. On va voir, par la liste des ustensiles qui sont indispensables, que les dépenses à faire, sont réellement insignifiantes.

Liste des objets nécessaires à la distillation du maïs et du sorgho cucré, dans les vignobles où il existe des alambics particuliers.

1° Une râpe comme celle employée dans les sucreries de betterave, mais munie de dents plus fortes, attendu que les tiges du maïs et du sorgho sucré sont plus dures	250 »
2° Un thermomètre centigrade.	3 »
3° Un saccharomètre ou pèse-jus. . . .	3 50
4° Un alcoolmètre ou pèse eau-de-vie. .	3 50
Total, ... fr.	260 »

Ainsi la dépense principale se bornera, à une râpe, dont le prix peu élevé, est à la portée de toutes les bourses. Pour les petits cultivateurs, une râpe du prix de 150 à 160 francs suffira.

Des distilleries agricoles.

Les alambics avec lesquels sont fabriquées les eaux-de-vies de Cognac sont, à peu de chose près, ce qu'ils étaient il y a cent ans. Ils consomment beaucoup de bois et fonctionnent très-lentement. Il faut croire néanmoins qu'on leur a reconnu, dans la pratique, une réelle supériorité, quant à la qualité des eaux-de-vie, puisque les négociants, juges suprêmes en cette matière, continuent à préférer les produits de ces alambics à ceux des appareils plus perfectionnés. Est-ce préjugé, est-ce prévention? Nous l'ignorons. Nous n'appelons pas de cette décision. Nous nous bornons à la constater, afin de nous y conformer.

Ce qui contribue à maintenir et à perpétuer encore l'existence de ces alambics, dans les vignobles, c'est leur simplicité et leur bas prix. Ces avantages, inappréciables à la campagne, font passer sur leurs défauts. Grâce à ces deux circonstances, la distillation a pris le plus vaste développement dans les départements dont nous parlons. Il n'existe pas un seul petit propriétaire récoltant 50 à 60 barriques de vin qui ne fasse l'acquisition d'un petit alambic avec lequel il convertit son vin en eau-de-vie. Ces motifs nous engagent à en propager partout l'adoption. Mais pour faire disparaître une partie des inconvénients attachés à leur emploi, nous les avons soumis à un perfectionnement qui, sans leur rien faire perdre de leur simplicité primitive, procure deux résultats importants, une économie de plus de moitié dans le combustible, et une production double en eau-de-vie, dans le même espace de temps. Par cette nouvelle disposition, notre alambic donne de l'eau-de-vie à 20 ou à 22 degrés, du premier jet, tandis que l'ancien n'en fournissait, à ces degrés, qu'après deux distillations successives du même produit. La puissance de l'appareil se trouve ainsi doublée, avec une dépense qui ne dépasse pas deux cents francs, en moyenne.

Dépense d'achat et d'installation d'une distillerie agricole perfectionnée, à l'instar de celles qui fonctionnent dans les deux Charentes.

Une cucurbite ou chaudière en cuivre contenant trois hectolitres, environ	460	»
Un chauffe-vin en cuivre, de même contenance.	70	»
Un condenseur en cuivre, de 150 litres.	170	»
Un raffraîchissoir en bois, cerclé en fer.	60	»
Un serpentin en cuivre.	200	»
Une petite pompe pour introduire les jus fermentés dans la chaudière	40	»
Une rape et ses accessoires.	250	»
Frais d'installation.	100	»
Total, fr.	1350	»

Avec ce matériel qui devra marcher nuit et jour, selon l'usage établi, on fera trois chauffes par jour de 24 heures, et on distillera 900 litres de liquide. Mais comme nos petits vins de maïs et de sorgho sucré contiennent le double d'alcool de ceux des betteraves, c'est réellement 18 à 20 hectolitres qu'on expédiera dans ce laps de temps. Cette quantité de jus fermenté donnera, à raison de 16 0/0 de sucre, en moyenne pour le sorgho, 160 litres d'eau-de-vie à 50 degrés centésimaux, et pour le maïs, à raison de 12 0/0, 120 litres d'eau-de-vie au même titre.

Dépense pour la distillation de 1,000 kilogrammes de tiges de sorgho sucré, par jour de 24 heures.

Pour cueillir les tiges, les éplucher, les râper, les presser, faire fermenter les jus et conduire les alambics, il faudra :

Un contre-maître	3	»

Report.	3 »
Un ouvrier intelligent pouvant le remplacer.	2 50
Un homme de peine.	2 »
Deux femmes à 1 fr. 25 l'une.	2 50
Un jeune enfant de 15 à 18 ans.	1 50
Intérêt du matériel à 10 0/0 calculé sur 2,000 fr., la campagne étant de 150 jours environ, la moyenne par jour est de	1 »
Combustible bois ou charbon.	2 »
L'hectare semé en sorgho devant donner *au minimum* 60,000 kilogrammes de tiges épluchées, nous évaluons les 1000 kilos à 20 fr.	20 »
Total de la dépense par jour. . .	34 50
100 kilos de sorgho épluchés donneront, selon que la saison aura été sèche ou pluvieuse, de 50 à 60 0/0 de jus, c'est-à-dire 5 à 600 litres qui, étendus de l'eau nécessaire à l'épuisement complet des pulpes, porteront la quantité du liquide à 900 litres environ, devant fournir 160 litres d'eau-de-vie, à 19 degrés de Cartier. Cette eau-de-vie, en raison de sa qualité, peut être évaluée à 75 c. le litre.	120 »
A déduire la dépense.	34 50
Bénéfice par jour.	85 50
En multipliant par 150 jours.	150 »
Bénéfice de la campagne.	12,825 »

Pour le Maïs.

Les frais sont les mêmes pour le maïs que pour le sorgho, mais le rendement en sucre étant moins élevé, il convient d'établir, pour lui, un compte particulier. 100 kilos de tiges de maïs, à raison de 12 0/0 de sucre, ne donneront que 120 litres d'eau-de-vie à 19 degrés, à 75 c. le litre, c'est. . . . . . . 90 »

A déduire la même dépense. 34 50

Bénéfice par jour. 55 50

A multiplier par 150 jours. . . . . . . 150 »

Bénéfice de la campagne. . . . . 8,325 »

La quantité du liquide distillé, pendant la campagne, s'élèverait à 1350 hectolitres, environ 587 barriques de 230 litres (31 veltes).

On voit que nous ne donnons à cette eau-de-vie qu'une valeur de 75 centimes le litre; c'est moitié prix de celle d'Armagnac qui vaut, en ce moment, 1 fr. 50 c. le litre. Si on portait le prix de cette espèce de *rhum* à 1 fr. seulement, en raison de sa bonne qualité, le revenu serait bien plus élevé.

Distillerie des eaux-de-vie de Cognac.

Nous avons dit que la distillation des eaux-de-vie de Cognac se fait avec des appareils simples et peu coûteux. Nous en donnons ici la description et le prix, pour donner une idée de ce qu'on peut faire avec un capital tout-à-fait restreint.

Frais d'achat et d'installation des distilleries de la Saintonge et de l'Angoumois.

Une chaudière en cuivre de 230 litres.	350	»
Un chauffe-vin de même capacité, en bois cerclé en fer.	50	»
Un serpentin en cuivre	150	»
Un réfrigérant en bois, cerclé en fer. . .	50	»
4 bassiots en bois pour recevoir les produits de la distillation	50	»
Frais d'installation.	50	»
Total, ... fr.	700	»

Produit de la distillation des tiges du maïs cultivé pour la graine.

Un hectare fournit à peu près 6 à 7000 kilos de tiges épluchées, contenant 6 0/0 de sucre. Ainsi 1000 kilos donnent 60 kilogrammes de sucre, ou 30 litres d'alcool pur, ou 60 litres d'eau-de-vie à 19 degrés, à 75 c. le litre, c'est par jour.	45	»
A soustraire pour la dépense 14 fr. 50 seulement, attendu que nous n'avons rien à porter ici pour la valeur des tiges, cette dépense étant couverte par la récolte du fruit, ci..	14	50
Bénéfice net par jour.	30	50
En multipliant par 80 jours environ, temps pendant lequel on peut se livrer à ce travail, sans nuire à la récolte de la graine, on obtiendra pour la campagne	80	»
entière, un total de.	2,440	»

Avec cet appareil on peut faire trois chauffes par 24 heures, c'est environ 3 barriques de 31 veltes. On ne peut employer, pour le chauffage, que du bois ou de la tourbe. Le charbon de terre ne peut servir ici parce que développant, en brûlant, une grande quantité de calorique, il brûlerait, au fond de la chaudière, les lies, les pepins et autres matières épaisses qu'on n'a pas l'habitude de séparer du vin. Ces corps étrangers précipités par leur pesanteur spécifique au fond de l'alambic, seraient carbonisés à une température élevée et donneraient à l'eau-de-vie le goût d'empyreume ou de *rimé* selon l'expression du pays.

Malgré l'imperfection évidente de ces appareils, malgré le temps et le combustible qu'ils nécessitent, ils fonctionnent d'une manière satisfaisante et donnent de bons produits que chacun est à même d'apprécier, car toutes les eaux-de-vie de Cognac sont fabriquées avec un outillage de ce genre. Cependant nous engageons les propriétaires à supprimer le *chauffe-vin en bois* (1), en raison de la perte d'alcool qu'il laisse évidemment échapper au travers des douves par l'effort de la vapeur. Il faut le remplacer par un vase en cuivre ou au moins en tôle qui est à meilleur marché. Avec cette modification, cet appareil peut être employé, avec avantage, dans les petites exploitations. Il peut distiller 300 barriques de 230 litres, dans l'espace d'une campagne qui dure environ cinq mois ou 150 jours.

---

(1) Depuis la composition de cette partie de notre ouvrage, nous avons imaginé une disposition particulière qui permettra l'usage du chauffe-vin en bois, sans aucune perte possible d'alcool. Ceux qui possèdent ce genre d'appareil, n'auront pas besoin de le supprimer.

Prix d'une distillerie perfectionnée pour les petits cultivateurs.

Une chaudière de 200 litres en cuivre. .	250	»
Un chauffe-vin en tôle de même capacité.	150	»
Un serpentin en cuivre.	150	»
Un condenseur en cuivre de 50 litres . .	100	»
Une petite pompe.	50	»
Un réfrigérant en bois	50	»
Une râpe et ses accessoires.	200	»
Frais d'installation, etc.	150	»
Total, fr.	1100	»

Ainsi, pour 1,000 à 1,200 francs on aurait une distillerie en petit, réunissant tous les avantages de celle que nous avons proposée plus loin, mais qui expédierait un tiers de travail en moins, la capacité des appareils se trouvant réduite dans cette proportion.

Cidre de maïs et de sorgho sucré pour la consommation et le commerce.

Les personnes qui voudront se livrer à cette industrie, devront apporter plus de soin à la fabrication de ces sortes de cidres, afin de leur donner une durée égale à celle du vin.

Voici la formule que nous proposons. Nous pouvons certifier qu'elle donnera de bons résultats. Nous supposons les jus à 8, 10 ou 12 degrés de densité et la futaille d'une contenance de 230 litres (31 veltes). C'est ici surtout qu'on devra être pourvu d'un thermomètre et d'un saccharomètre, pour peser les jus et s'assurer de leur température avant leur mise en fermentation.

Recette.

1 kilogr. 500 gr. (3 livres) de bonne gravelle pulvérisée (tartre brut détaché des futailles, rouge ou blanc).

500 grammes de râpes de raisin grossièrement broyées.

1 kilog. de bonne levure de bière bien fraîche, ou 1 kilog. de bonne lie de vin (rouge ou blanche) un peu putréfiée. Lorsqu'on emploiera la lie de vin à la mise en fermentation, il faudra diminuer la dose de tartre brut, qui sera réduite, dans ce cas, à 1 kilogramme seulement.

Manière d'opérer.

Mettez le tartre et les râpes dans 100 litres de jus que vous porterez à l'ébullition (dans les temps chauds, il ne sera pas nécessaire de faire bouillir les jus). Après quelques bouillons, jetez le tout dans une pièce de la contenance de 230 litres, et finissez de remplir avec du jus de maïs ou de sorgho sucré froid. Avant de mettre en fermentation, laissez tomber la température à 25 ou 30 degrés centigrades : assurez-vous du degré au moyen du thermomètre. Alors on prend, dans la pièce, deux ou trois litres de liquide ; on y incorpore le kilogramme de levure bien fraîche; on en forme une bouillie, qu'on jette dans la pièce. Avec un bâton on mélange bien le tout ensemble.

Quelques jours après que la fermentation aura cessé, il faudra tirer le cidre qui aura fermenté dans de grands tonneaux et le placer dans des futailles qu'on remplira exactement.

Un mois ou deux mois après, il faudra coller les cidres, et ensuite les soutirer avec précaution pour les débarrasser de leurs lies. Ainsi conditionnés, ces cidres seront d'une excellente qualité, et pourront se conserver comme les vins blancs avec lesquels ils auront beaucoup d'analogie. Ils gagneront, comme eux, en vieillissant.

Si on désire donner à ces cidres un bouquet qui leur manque, on pourra introduire dans la barrique, soit avant, soit après la fermentation, 2 onces d'iris en poudre pour 230 litres, ou 4 onces de fleurs de sureau, ou un gros de vanille.

Beaucoup de propriétaires trouveront peut-être cette méthode de fabriquer le cidre compliquée et embarrassante. Faire bouillir une partie des jus, avant de les mettre en fermentation, leur paraîtra une chose inutile et superflue. Cependant nous insistons sur cette partie de la recette, si l'on veut opérer avec certitude Nous sommes d'avis qu'on devrait opérer de la même manière pour les vins, dans les années froides.

Il est évident qu'on pourra éviter ce soin dans l'été parce que le but qu'on se propose en portant les jus à l'ébulltion, c'est de les faire fermenter à 25 degrés ou trente degrés, température nécessaire à une bonne fermentation. Ce degré, nous le répétons, est utile surtout pour les futailles d'une faible contenance. Plus les vases sont grands, moins une température élevée est nécessaire. Ansi, pour des tonneaux d'une contenance de 25 à 30 hectolitres, 14 à 15 degrés seront suffisants à une bonne fermentation.

Recette pour faire une bière très-agréable avec les jus de maïs et de sorgho sucré.

On fait bouillir les jus avec 500 grammes de houblon par hectolitre, ou seulement 400 grammes, selon qu'on la préfère plus ou moins amère. On laisse refroidir les jus jusqu'à 25 et 30 degrés centigrades; puis on met en levain, comme nous l'avons indiqué pour le cidre

(500 grammes de levure de bière bien fraîche pour un hectolitre).

Aussitôt que la fermentation tumultueuse est apaisée, on soutire le liquide et on laisse la deuxième fermentation s'opérer de la même manière que pour le cidre, puis on clarifie par la gélatine ou le blanc d'œuf, à la manière ordinaire.

Comme on le voit, ce procédé est bien simple, et il n'en est pas de plus économique. On obtiendra ainsi, à très-bas prix, une boisson fermentée très-saine, très-agréable, qui offrira l'aspect et la saveur des bières blanches les plus estimées. Pour avoir des bières brunes il suffit d'y ajouter un peu de caramel.

Nouvelle méthode de fermentation. Conservation indéfinie. Vieillissement après quelques jours.

La fabrication d'un cidre, à bas prix, pouvant se conserver et acquérir de la qualité, comme le vin, aurait des résultats si grands, si décisifs pour le bien-être et la richesse des populations agricoles que, quoique cette question s'écarte notablement du but que nous nous sommes proposé, en commençant cet ouvrage, néanmoins, en raison de son importance, nous nous décidons à la traiter avec toute l'étendue et la maturité qu'elle comporte. Nous y sommes d'autant plus porté, qu'elle intéresse, à un égal degré, les viticulteurs, et qu'elle s'applique à la fabrication des vins.

Nous avons déjà annoncé ailleurs que les fabricants de bière de la Bavière étaient en possession de ce perfectionnement. Le hasard aidé de la température très-basse propre à ce climat, paraissent avoir été la cause accidentelle de cette intéressante découverte. Sa mise en pratique est des plus simple : elle consiste à opérer les fermentations des jus sucrés, à une température de 9 à 10 degrés centigrades, dans des vases peu profonds, à larges surfaces, qu'on abandonne, sans autre soin, au libre contact de l'air atmosphérique.

Par ces procédés, les bières, les cidres, les vins, acquièrent une durée indéfinie ; ils n'ont plus rien à redouter des variations de la température, et, chose remarquable, ils sont aussi parfaits quelques semaines après la fermentation, que s'ils avaient deux ou trois ans d'âge.

Pour bien comprendre sur quelle loi reposent les perfectionnements qui sont la conséquence de cette pratique, il est indispensable de connaître les phénomènes qui s'accomplissent dans les fermentations alcooliques et acéteuses.

Les ferments qui sont les agents des fermentations, sont des substances azotées en voie de se combiner avec l'oxigène, pour lequel ils possèdent une grande affinité. Ils ont, de plus, la faculté de transmettre l'action dont ils sont animés, c'est-à-dire la fermentation, aux liquides sucrés et alcooliques avec lesquels on les met en contact. Mais les degrés de température nécessaires à ces transformations ne sont pas les mêmes pour ces deux natures de produits. Le degré le plus favorable à la conversion de l'alcool en acide acétique (vinaigre) au moyen d'un ferment, se trouve entre 25 à 30 degrés cen grades : à 9 à 10 degrés il perd complètement cette faculté et il n'a plus alors aucune action sur l'alcool. Au contraire, l'oxidation du ferment à cette basse température, n'éprouve aucun obstacle, non plus que celle du liquide sucré qu'il soumet à son action, en le convertissant en alcool, par voie d'oxidation ou de fermentation.

Appliquons maintenant ces principes, déduits de l'observation attentive des faits, à la fabrication des vins telle qu'elle se pratique. Aussitôt que le jus exprimé des raisins se trouve en contact avec l'air atmosphérique, son ferment se combine avec son oxigène, et il détermine, en même temps, dans le liquide sucré, le même phénomène. Une partie du carbone du sucre s'unit avec l'oxigène de l'air et s'échappe à l'état de gaz acide carbonique; l'autre partie se convertit en alcool. Cette transformation s'opère très-rapidement à la température de 25 à 30 degrés, mais pour enlever au ferment le pouvoir de provoquer, dans l'alcool, à mesure qu'il se forme, la fermentation acéteuse, on est obligé de diminuer l'accès de l'air extérieur, en opérant en vase plus ou moins clos. Si, la fermentation terminée, on continuait à maintenir le vin à cette même température, le ferment réagirait sur lui et y déterminerait la fermentation acéteuse. Pour éviter ce résultat, on se hâte de bien remplir les futailles, et de les placer dans un local à basse température. Cependant le ferment, resté dans le vin, n'ayant pu, dans un vase clos en partie, satisfaire toute son appétence pour l'oxigène, continue à s'oxider lentement au moyen de la petite quantité d'air qui lui arrive au travers des douves des tonneaux. Cette action dure ainsi deux ou trois ans, et, peu à peu, à mesure *que le vin vieillit*, le ferment qui complète son oxidation, se précipite à l'état insoluble, à l'état de lie au fond de la pièce.

Dans les fermentations telles qu'on les pratique généralement, on se trouve donc en présence de deux difficultés contradictoires. D'une part, on aurait besoin de mettre le ferment en contact avec la plus grande masse d'air possible, pour le faire arriver, dans le temps le plus court, à sa complète oxidation, et le forcer ainsi à se précipiter à l'état insoluble de lie; de l'autre, cette mesure aurait pour effet de provoquer dans la liqueur la fermentation acéteuse, c'est-à-dire sa conversion en acide acétique. Par l'emploi du nouveau procédé, on va voir qu'on satisfait, d'une manière très-rationnelle, à ces deux conditions essentielles.

Lorsque les jus sucrés sont mis en fermentation, à une température de 9 à 10 degrés centigrades, dans des vases peu profonds, à larges surfaces, au milieu d'un accès d'air illimité, l'oxidation complète du ferment se fait dans le temps le plus court, ainsi que celle du liquide sucré dans lequel il est immergé. A mesure que l'action s'accomplit, le ferment se précipite au fond du vase, à l'état insoluble, à l'état de lie. La fermentation terminée, il ne s'agit plus que de décanter le vin, de le séparer de sa lie pour l'avoir aussi *parfait*, aussi *vieux* qu'il le serait devenu, par l'ancien procédé, après deux ou trois ans d'âge. L'acte, le phénomène qui s'est accompli, dans un vin qui a vieilli, en effet, consiste précisément dans cette précipitation complète du ferment à l'état insoluble de lie. La seule différence, nous le répétons, qui existe, c'est que ce précipité se fait immédiatement dans le procédé nouveau, en même temps que la conversion du sucre en alcool, tandis que, dans l'ancienne méthode, ce dépôt ne s'opère que lentement, après un temps considérable et des soins assidus de collages et de soutirages répétés.

Cette nouvelle méthode de fermentation est applicable même aux vins rouges, et ce qui en facilite la pratique, c'est que généralement la température est assez basse à l'époque des vendanges.

Les cidres et les bières fabriqués suivant ces règles ne sont plus susceptibles de s'aigrir ni de tourner, dans la saison des chaleurs, résultats importants qui se recommandent d'eux-mêmes à l'attention des fabricants.

Comme on peut s'en convaincre, le nouveau procédé est simple. Il n'offre pas de difficulté autre que celle du choix d'un local pouvant être maintenu à la température constante de 9 à 10 degrés centigrades. Les caves voûtées, placées au nord, présentent naturellement toutes ces conditions. Nous engageons donc les viticulteurs, les fabricants de cidre et de bière, à faire des essais dans le sens que nous indiquons. Ils pourront ainsi s'assurer si les résultats par eux obtenus sont bien ceux que nous signalons, sur le témoignage du célèbre Liébig. Le premier, en effet, ce chimiste a fait connaître ce nouveau perfectionnement pratiqué en Bavière. Il s'applique également à toutes les liqueurs fermentées. La haute réputation de savoir et de rectitude qui s'attache à ce nom, illustre dans les sciences, nous assure que l'attente des expérimentateurs ne sera pas trompée.

En nous résumant, nous disons qu'avec les jus du maïs et du sorgho sucré, on peut, à peu de frais, obtenir les produits ci-après :

1° Par la distillation, une bonne eau-de-vie ou des alcools de première qualité;

2° Des cidres et des bières pour le commerce et la consommation des ménages ;

3° Des sirops pouvant remplacer avantageusement les sirops de fécule pour l'amélioration des vins, dans les mauvaises années;

4° Des vins artificiels à l'*instar* de ceux fabriqués par la ville de *Cette;*

5° Des vinaigres d'une qualité remarquable est presqu'égaux aux vinaigres de vin ;

6° La nourriture des bestiaux avec les parenchymes au sortir des presses ;

7° La fabrication, avec les mêmes parenchymes ou pulpes, d'un bon papier d'emballage qui se trouve naturellement *collé*.

Pour faire disparaître toute hésitation de la part des propriétaires, nous déclarons nous mettre à la disposition de tous ceux qui réclameront notre concours, tant pour ce qui a rapport au montage et à l'agencement des fabriques, que pour la mise en train des opérations.

FIN.

TABLE DES MATIÈRES.

CATALOGUE

DE LA

LIBRAIRIE CENTRALE D'AGRICULTURE

ET DE

JARDINAGE.

Auguste GOIN, éditeur, quai des Augustins, 41, Paris.

Nota. — Sur les ouvrages composant le présent Catalogue, il sera fait une remise de 10 pour 100 lorsqu'ils seront pris au bureau. — Les commandes de 20 à 30 fr. seront expédiées *franc de port* jusqu'au bureau et station des Chemins de fer, des Messageries générales et Impériales les plus rapprochés de la résidence des demandeurs. — En outre de l'envoi *franc de port*, les commandes de 31 à 50 fr. jouiront de la remise de 5 pour 100, et il sera fait une remise de 10 pour 100 sur celles de 51 à 100 fr. — Je me charge aussi de fournir aux mêmes conditions tous les ouvrages qui me seront demandés, ainsi que les ouvrages neufs ou d'occasion, d'Agriculture et de Jardinage qui ne sont pas portés sur le présent Catalogue.

---

15 Octobre 1855.

Ouvrages de M. Robinet,

Membre de la Société centrale d'Agriculture, professeur de sériculture.

PROCÉDÉ POUR LE BATTAGE DES COCONS. In-8. 1 50

VENTILATION DES MAGNANERIES. In-8. 3 »

QUATRE MÉMOIRES SUR LE MURIER. In-8. 1 50

LA MUSCARDINE, des causes de cette maladie et des moyens d'en préserver les vers à soie. In-8. 3 »

SOIE (*Mémoire sur la filature de la*). In-8, 7 pl. 4 50

SOIE (*Mémoire sur la formation de la*). In-8. 1 50

VERS A SOIE (*Éducation des*). 1 vol. in-8. 1 50

RECHERCHES SUR LA PRODUCTION DE LA SOIE EN FRANCE. 1 vol. in-8. 5 »

Ouvrages de M. Leroy-Mabile.

SUR LE MOYEN DE GUÉRIR LA POMME DE TERRE par la plantation d'automne, et d'en obtenir des récoltes plus abondantes et plus hâtives. Brochure in-8. » 75

LA POMME DE TERRE RÉGÉNÉRÉE PAR LA MATURITÉ, ouvrage appuyé de sept années d'observations. In-8. 1 »

RECHERCHES SUR LA POMME DE TERRE depuis 1768 ; sa dégénération et sa régénération progressives prouvées par les faits. Brochure in-8. 1 50

EXAMEN DE LA THÉORIE DE M. PAYEN SUR LA MALADIE DE LA POMME DE TERRE. Brochure in-8. » 75

LA VIGNE GUÉRIE PAR ELLE-MÊME. In-8. 1 »

Ouvrages de M. le comte de Gourcy.

VOYAGE AGRICOLE *en Belgique* et dans plusieurs départements de la France, suivi de quelques articles extraits des journaux d'agriculture anglais. 1 vol. in-8. 3 50

SECOND VOYAGE *en Belgique, en Hollande* et dans plusieurs départements de la France. In-8. 4 50

NOTES EXTRAITES *d'un voyage agricole dans l'ouest, le sud-ouest, le midi et le centre de la France et le nord de l'Espagne.* In-8. 1 50

NOTES AGRICOLES extraites des divers journaux anglais. In-8. 1 50

PROMENADES AGRICOLES dans le centre de la France. In-8. 1 50

ITINÉRAIRE destiné aux cultivateurs du continent qui désirent connaître l'agriculture anglaise. In-8. » 50

VOYAGE AGRICOLE *en France, Allemagne, Hongrie, Bohême, Belgique.* 1 vol. in-18. 3 50

BIBLIOTHÈQUE RURALE

*Publiée par les rédacteurs de l'*Agriculteur praticien.

Ouvrages en vente :

DRAINAGE. L'art de tracer et d'établir les drains, par J. GRANDVOINNET, ingénieur, professeur de génie rural à Grignon. 1 vol. in-18, avec 160 fig. dans le texte. 3 »

TRAITÉ ÉLÉMENTAIRE DES CHAMPIGNONS COMESTIBLES ET VÉNÉNEUX, par DUPUIS, professeur de botanique à Grignon. 1 vol. in-18 avec huit planches coloriées. 1 75

AMENDEMENTS ET PRAIRIES, *Traité populaire* extrait des œuvres de Jacques BUJAULT. 1 vol. in-18. » 60

DU BÉTAIL EN FERME, *Traité populaire* extrait des œuvres de Jacques BUJAULT. 1 vol. in-18. » 60

LE FUMIER DE FERME ÉLEVÉ A SA PLUS HAUTE PUISSANCE DE FERTILISATION, par QUENARD. 2e édition in-18. 1 25

TRAITÉ PRATIQUE DE LA CULTURE ET DE L'ALCOOLISATION DE LA BETTERAVE, par N. BASSET. 1 vol. 2 »

SYSTÈME GUÉNON, *en forme de Catéchisme*, à l'usage des élèves des fermes-écoles, par Anacharsis COMBES. In-18. » 30

GUIDE DU PISCICULTEUR, d'après des notes et des documents fournis par J. REMY, pêcheur de la Bresse, et publiés par le Dr HAXO. 1 vol. in-18 avec grav. 1 50

GUIDE DE L'ÉLEVEUR DE POULES, POULETS, etc., par ALLIBERT, professeur de zootechnie à Grignon. 1 vol. in-18. » 75

GUIDE DE L'ÉDUCATEUR DE LAPINS, ou *Traité de la race cunicu-line*, par MARIOT-DIDIEUX. 1 vol. in-18. » 75

GUIDE DE L'ÉLEVEUR D'ABEILLES, par DE FRARIÈRE. In-18 avec figures. » 75

GUIDE DE L'ÉLEVEUR DE PIGEONS DE COLOMBIER ET DE VOLIÈRE, par MARIOT-DIDIEUX. 1 vol. in-18. » 75

GUIDE DE L'ÉLEVEUR DE DINDONS ET DE PINTADES, par le même. In-18. » 75

PETIT TRAITÉ DES IRRIGATIONS, par James DONALD, traduit par A. DE FRARIÈRE. 1 vol. in-18 avec gravures. » 50

VISITE A UN VÉRITABLE AGRICULTEUR-PRATICIEN, par DURAND-SAVOYAT, propriétaire-cultivateur. 1 vol. in-18. 1 25

DU MAIS, de sa culture et des divers emplois dont il peut être susceptible, par W. KEENE et A. DE THIER. In-18. » 30

PORCS (*du Traitement des*) aux différentes époques de l'année, en santé et maladie, etc., extrait des meilleurs ouvrages anglais, par J. A. G. 1 vol. in-18 avec 30 fig. dans le texte. 1 25

LA LAITERIE, suivi de la fabrication des fromages, par A. DE THIER. 1 vol. in-18 avec fig. » 75

MANUEL D'IRRIGATION, par DEBY. 1 vol. in-18 avec 100 fig. dans le texte. 1 50

AGRICULTURE.

Abeilles *(Calendrier de l'éleveur d')*, par A. de Frarière. In-18. (*Sous presse.*)

Abeilles *(Manuel de l'éducateur d')*, par de Frarière. In-18. 3' 50

Abeilles *(Guide de l'éleveur d')*, par de Frarière. 1 vol. in-18 avec figures. 75 c.

Abeilles *(Le conservateur ou la culture perfectionnée des)*, d'après les méthodes les plus récentes et avec application de celle de Nutt. In-8, avec 3 pl., 1843. 1 50

Agriculteur praticien *(L')*, *Revue de l'agriculture française et étrangère)*, 3e année. Prix de l'abonnement. 6 fr.

La 1re et la 2e année, ensemble. 10 fr.

Chaque année séparément. 6 fr.

Agriculture *(Manuel populaire d')*, par Vigneral. 1 vol. in-8. 1 25

Agriculture *(Cours d') théorique et pratique*, et notice sur les chaulages de la Mayenne, par Jamet. 1 vol. in-12. 3 fr.

Agriculture du centre. Ouvrage où l'on enseigne le moyen de supprimer la jachère et de créer rapidement une grande quantité de fourrages dans les sols siliceux de la plus mauvaise nature, par Cancalon. 1 vol. in-8. 2 50

Agriculteur (*L') praticien*, par V.-P. Rey, président de la Société d'agriculture d'Autun. In-12. 2 fr.

Agriculture (*Cours élémentaire d'*), par Girardin et Dubreuil. 2 vol. in-18, 900 grav. dans le texte. 15 fr.

Agriculture (*Manuel d'*), par demandes et par réponses, à l'usage des écoles primaires et des propriétaires ruraux, par Bruno. In-18. 1 fr.

L'abrégé du même ouvrage. 40 c.

Agriculture (*Manuel élémentaire d'*), à l'usage des écoles primaires des départements de la Meuse, de la Meurthe, de la Moselle et des Ardennes, par L. Gossin. 1 vol. in-18. 1 fr.

Ouvrage couronné par la Société centrale d'Agriculture.

Agriculture pratique (*Cours complet d'*), par Burger, Pfeil, Rohlwes, etc.; traduit de l'allemand par Noirot; suivi d'un traité sur les vers à soie et la culture du mûrier, par Bonafous. 1 vol. in-4. 10 fr.

Alcoolisation générale (*Traité complet d'*). Guide du fabricant d'alcools, par N. Basset. 1 vol. in-18. 6 fr.

Almanach du Fermier (*Jacques Bonhomme*) pour 1855. 1 vol. in-18 avec de nombreuses fig. 50 c.

Amendements et prairies (*Petit traité des*), par P. A. de Thier. 1 vol. in-18 complété avec des notes extraites de l'*Agriculteur praticien*. (*Sous presse.*)

Amendements et engrais. *Traité populaire, extrait des œuvres de* Jacques Bujault. 1 vol. in-18. 60 c.

Ampélographie rhénane, ou description des cépages les plus cultivés dans la vallée du Rhin et dans plusieurs contrées viticoles de l'Allemagne méridionale, par J.-L. Stoltz. 1 vol. in-4, orné de 32 pl. : fig. noires, 15 fr.; — figures coloriées. 25 fr.

Animaux (*Recherches expérimentales sur l'alimentation et la respiration des*), par J. Allibert, professeur de zootechnie à Grignon. In-8, accompagné d'un tableau et d'un modèle d'appareil. 1 50

Bétail en ferme (*Du*), extrait des œuvres de Jacques Bujault. 1 vol. in-18. 60 c.

Bêtes à laine (*Manuel de l'éleveur de*). Notions pratiques sur le choix, l'élevage, le bon entretien et les maladies de ces animaux domestiques, par Roche-Lubin. 1 vol. in-18. 2 50

Betterave (*Traité pratique de la culture et de l'alcoolisation de la*), par N. Basset. 1 vol. in-18. 2 fr.

Betteraves (*Traité pratique de la culture des différentes espèces de*), procédé pour les conserver par la dessiccation, etc., tr. de l'allem. par Sarrazin. In-8. 2 fr.

Blé (18 *millions d'hectolitres de*) *pour rien*, ou conseils aux agriculteurs français, par Jacquin aîné. In-8. 50 c.

Bois (*Culture et exploitation des*), par J.-B. Thomas. 2 vol. in-8. 15 fr.

Bois (*Des qualités et de l'usage du*) sous le rapport économique et industriel. In-18. 25 c.

Bois (*De la culture et de l'aménagement des*). In-18. 25 c.

Bois en grume et bois équarris (*Tarif métrique pour la réduction des*), mesurés de 5 en 5 centimètres, etc., par Fouchard père, expert-arpenteur. 1 vol. in-18. 2 50

Bois (*Traité du cubage des*) et tarifs métriques pour cuber les bois carrés ou de charpente, les bois en grume au 5e et au 6e réduit, par Gussot. In-8. 40 c.

Bois (*Traité du cubage des*) ou tarifs pour cuber les bois carrés ou de charpente, les bois en grume au 5e et au 6e réduit, par Gussot. In-8 4e édit. 1 25

Cailles d'Europe (*Instruction pratique pour élever les*), d'Amérique (ou colins), les **Perdrix grises et rouges**, par l'abbé Allary. 1 vol. in-18, avec figures dans le texte. 1 25

Calendrier du bon cultivateur, par Mathieu de Dombasle, 9e édit. 1 vol. in-12 avec pl. 4 75

Canne à sucre de la Martinique (*Recherches sur la composition chimique de la*), par E. Peligot. In-8. 1 fr.

Catéchisme agricole à l'usage des écoles rurales, par M. Grefe. Ouvrage approuvé par le Comice agricole de Metz. 3e édit. 1 vol. in-18, cartonné. 50 c.

Champignons comestibles et vénéneux (*Traité élémentaire des*), par Dupuis, professeur de botanique à Grignon. 1 vol. in-18, avec 8 planches coloriées. 1 75

Chimie agricole (*Analyse des cours de*), professés en 1853, 1854 et 1855, par Malaguti, à la Faculté des sciences de Rennes. 3 volumes in-18. 3 fr.

Conseils aux agriculteurs sur les moyens de prévenir l'indigestion gazeuse connue dans nos campagnes sous le nom d'enflure des vaches, par Mathurin Papin, médecin vétérinaire. In-18. 30 c.

Conseils aux cultivateurs bretons sur *l'hygiène des animaux domestiques*, ou connaissance des moyens de les entretenir et conserver en santé, par Mathurin Papin, médecin vétérinaire. 1 vol. in-12. 1 75

Cubage des bois équarris (*Tarif métrique pour le*), par Fouchard père, expert-arpenteur. 1 vol. in-18. 4 fr.

Cultivateur (*Manuel du*) à l'usage des fermes-écoles et des établissements d'instruction, par Lefour, inspecteur général de l'agriculture.

1er vol. Arithmétique et Comptabilité agricoles. 1 25
2e vol. Agriculture, 1re partie, Sol et Engrais. 1 25
3e vol. Géométrie agricole. 1 25
4e vol. Animaux domestiques, 1re partie. 1 25
5e vol. *Id.* *id.* 2e partie. 1 25

Cultivateur aveyronnais (*Guide pratique du*) sur l'hygiène et le traitement des maladies du bétail, par ROCHE LUBIN. Ouvrage couronné par la Société centrale d'Agriculture de l'Aveyron. 1 vol. in-8. 1 50

Cultures dérobées (*Des*) comme fourrages et engrais verts en général, et de la culture de la *Moutarde blanche* en particulier, trad. de l'anglais et annoté par J. A. G. 1 vol. in-18 avec fig. (*Sous presse*)

Cuisinière (*La*) **de la ville et de la campagne**, ou nouvelle cuisine économique, par L. E. A. 33e édit. 1 vol. in-12 avec 300 fig. 3 fr.

Dictionnaire (*Nouveau*) **d'Agriculture pratique**, publié par une société d'agriculteurs et de légistes sous la direction de M. DAUNASSANS, propriétaire-cultivateur. 1 vol. in-8. 12 fr.

Dindons et Pintades (*Guide de l'éleveur de*), par MARIOT-DIDIEUX. 1 vol. in-18. 75 c.

Distilleries agricoles (*Notice sur les*) de betteraves et autres plantes, système Champonnois. Brochure in-8. 1 25

Drainage (*Du*), par M. le comte DE VIGNERAL. In-18. 75 c.

Drainage (*Instructions sur le*), publiées sous les auspices de la commission hydraulique de la Sarthe. In-12, 2e édition. 75 c.

Drainage (*Du*), par Félix RÉAL. In-18. 25 c.

Drainage. L'art de tracer et d'établir les drains, par GRANDVOINNET, ingénieur, professeur de génie rural à Grignon. 1 vol. in-18, avec 160 figures dans le texte. 3 fr.

Draineur (*Guide du*), par H. STEPHENS, trad. par FAURE. 1 vol. in-8. 6 fr.

Droit rural (*Dialogues sur le*), par VALSERRES. 1 vol. in-12. 60 c.

Engrais (*Des*) ou l'art d'améliorer les plus mauvaises terres par les amendements et les engrais de toute nature, par DUCOIN. 1 vol. in-18. 1 25

Engrais azotés (*Des*), par DE GASPARIN, extrait par GUEYMARD, avec un tableau comparatif de la puissance de 119 engrais. In-18. 25 c.

Engrais (*Des*) en général et spécialement de la manière de traiter les fumiers et le purin pour en conserver toute la valeur fertilisante, suivi de la manière de traiter les matières fécales, par M. GREFF. In-8. 40 c.

Engrais humain. Histoire des applications de ce produit à l'agriculture, aux arts industriels, par Maxime PAULET. 1 vol. in-8. 6 fr.

Engrais (*Traité critique et pratique du commerce, du contrôle et de la législation des*), par F. S. DE SUSSEX. 1 vol. in-8. 2 fr.

Engraissement du gros bétail et des veaux, porcs, bêtes à laine et volailles, par EVON. 1 vol. in-8. 3 fr.

Engraissement (*Observations et conseils pratiques sur l'*) des veaux, des vaches et des bœufs, par FAVRE D'EVIRE. 1824, in-8. 75 c.

Enseignement de l'agriculture (*Guide de l'*), considérée comme profession, par THAER, traduit par SARRAZIN. 1 vol. in-12. 2 50

Fécondation (*De la*) et de l'éclosion artificielles des œufs de poisson et de l'éducation du frai suivant le procédé de MM. GEHIN et REMY, par GODENIER. In-8. 1 fr.

Fécondation artificielle et éclosion des œufs de poisson, par le docteur HAXO. Brochure in-8. 2 50

Fécondation et éclosion artificielle des œufs de poisson et éducation du frai. In-8. 25 c.

Forêts (*Traité pratique de l'estimation des*) et de l'exploitation des bois de charpente, par MM. FÉLIX et Théophile CHALLETON. 1 vol. in-8, autographié. 3 fr.

Fourrages (*Recherches sur la valeur nutritive des*) et autres substances destinées à l'alimentation des animaux, par Isidore PIERRE, professeur de chimie à Caen. 1 vol. in-8. 1 75

Fumiers considérés comme engrais (*Des*), par GIRARDIN. 5e édit. 1 vol. in-16, avec 11 fig. 1 25

Fumier de ferme (*Le*) élevé à sa plus haute puissance de fertilisation et n'étant plus insalubre, par QUENARD, propriétaire-agriculteur. 1 vol. in-18, 2e édit. 1 25

Géologie (*Manuel élémentaire de*), par Nérée BOUBÉE. 1 vol. in-18. 2 50

Géologie appliquée aux arts et à l'agriculture, par D'ORBIGNY et GENTE. 1 vol. in-8. 8 fr.

Grains (*Traité sur la vente des*) à la mesure, au poids de l'hectolitre ou au quintal métrique; suivi de tableaux appréciateurs de la valeur des grains, suivant la variation de chaque qualité, terminé par un tableau comparateur du prix des grains au quintal métrique, etc.; par HUBAINE. In-4. 2 50

Grains (*Guide des négociants en*), des minotiers, meuniers et boulangers, par L. BAX fils aîné. In-8. 2 fr.

Il faut semer clair, ou moyen de remédier à la disette des céréales, trad. de l'anglais, de DAVIS, par DE THIER. In-18. 30 c.

Irrigation (*Manuel d'*), par DEBY. 1 vol. in-18 avec 100 fig. dans le texte. 1 50

Irrigations (*Petit traité des*), par James DONALD, traduit par A. DE FRARIÈRE. In-18 avec fig. 50 c.

Irrigations (*Guide pratique pour les*), le drainage et la culture des oseraies; suivi des lois qui les concernent, par P.-J. BRASSART. In-18. 50 c.

Laiterie (*La*), suivi de la fabrication des fromages, par A. DE THIER. 1 vol. in-18 avec figures. 75 c.

Landes de Bretagne (*Mise en valeur des*) par le défrichement et par l'ensemencement en bois, par le général DE LOURMEL. In-8. 2 fr.

Lapins (*Guide de l'éducateur de*), ou *Traité de la race cuniculine*, par MARIOT-DIDIEUX. In-18. 75 c.

Livret de ferme. Comice agricole de Saint-Quentin. In-18. 25 c.

Machine anglaise (*Notice sur une*) due à M. Francklin, ingénieur, pour la fabrication des tuyaux de drainage, par V. PROU. In-8 avec 6 grav. dans le texte. 1 25

Extrait de l'*Agriculteur praticien*.

Maison de campagne (*La nouvelle*), jardinage, économie de la maison, etc. 1 vol. in-18, cart. 3 fr.

Maison rustique du XIXe siècle, publiée sous la direction de MM. BAILLY, BIXIO et MALEPEYRE. 5 vol. in-4, avec 2,500 grav. 39 50

Chaque volume se vend séparément. 9 fr.

Maïs (*Du*), de sa culture et des divers emplois dont il est susceptible, par KEENE et A. DE THIER. In-18. 30 c.

Maïs (*Du*) ou *Blé de Turquie* et des avantages qu'on pourrait tirer de sa culture en Normandie comme plante fourragère, par PRÉVOST. In-12. 50 c.

Maladies charbonneuses (*Traité sur les*), comparées à la maladie de sang chez les animaux domestiques, par L. GILLET. In-8. 1 50

Manuel d'Horticulture et d'Agriculture pour le département de la Gironde, publié sous les auspices des Sociétés d'horticulture et d'agriculture de la Gironde, par J.-C. RAMEY. 1 vol. in-12. 1 75

Meunerie (*Traité pratique de la*), par E.-J. HANON. 1 vol. in-8 de 88 pages. 10 fr.

Meunier (*Le bon*), ou l'art de bien moudre, par J.-P. MOREAU. Brochure in-8, 2e édit. 1 75

Mécanique agricole (*Traité complet de*), par J. GRANDVOINNET, ingénieur, professeur de génie rural à Grignon. Ouvrage destiné aux élèves des écoles d'agriculture et des écoles normales primaires, aux fermiers, aux propriétaires et aux constructeurs d'instruments. — Cet ouvrage paraîtra simultanément en trois séries, de la manière suivante :

PREMIÈRE SÉRIE.

1re *livraison*. — Du mouvement et de ses causes.

4e *livraison*. — Des charrues. — *Détails* et modèles divers.

DEUXIÈME SÉRIE.

2e *livraison*. — Des forces et de leur travail.

5e *livraison*. — Des instruments de division et de compression du sol. — Des instruments propres à la récolte : moissonneuses, charrettes, chariots, etc.

TROISIÈME SÉRIE.

3e *livraison*. — Mécanique matérielle : de l'assujétissement et des machines simples.

6e *livraison*. — Des instruments pour la préparation des récoltes : machines à battre, tarares, trieurs, coupes-racines, concasseurs.

La publication est faite ainsi dans le but d'allier la théorie à la pratique et de satisfaire à l'ordre de l'enseignement suivi à l'Ecole impériale d'agriculture de Grignon.

Chaque série, non divisible, sera du prix de 3 fr. 50 c.

Médecin des campagnes (*Le*), indiquant les caractères distinctifs des maladies, le traitement familier des affections légères, les médicaments qu'il est bon d'avoir chez soi, etc., etc., par Ch. MOREAU, docteur en médecine. 1 vol. in-18. 2 fr.

Moniteur agricole, publié par M. MAGNE, professeur à l'Ecole vétérinaire d'Alfort, pendant les années 1848, 49 et 50. — 3 vol. in-8, avec un grand nombre de lithographies. 10 fr.

Mouches à miel (*Traité sur les*), suivi des procédés pour faire le miel et la cire, avec divers modèles de ruche, par BONNARDEL. In-8. 1 50

Moudre (*L'art de*), ou mémoire sur les moyens employés pour empêcher que la chaleur produite par la pression et le frottement des meules soit préjudiciable à la farine, par A. VAN LERBERGHE. In-8. 1 50

Moutons (*Guide de l'éleveur et de l'engraisseur*), par J.-J. LEGENDRE, propriétaire-cultivateur, et G. CHABOT. 1 vol. in-18. 75 c.

Mûrier (*De la culture du*), par BOYER et DE LABAUME. 1 vol. in-8, contenant 5 grav. représentant les divers modes de taille, et les mûriers avant et après chaque taille. 3 fr.

Mûriers (*Instruction sur la culture des*). In-18. 25 c.

Muscardine (*Etudes sur la*), maladies des vers à soie, faites à la Magnanerie expérimentale de Sainte-Tulle, par F. GUÉRIN-MÉNEVILLE et Eugène ROBERT. 1 vol. in-8. 3 fr.

Oiseaux de basse-cour (*Manuel de l'éleveur d'*) et de **Lapins**, par Mme MILLET-ROBINET, 2e édit. 1 vol. in-12 avec gravures. 1 25

Osier (*Traité pratique de la culture de l'*) et de son usage dans l'industrie de la vannerie fine et commune, suivi d'un aperçu sur l'art du vannier, par A. MOITRIER. 1 vol. in-8, avec 4 pl. 2 fr.

Pain (*Du*) et des moyens d'obtenir une économie de 30 à 40 pour cent dans sa fabrication, par l'emploi d'un nouveau farineux qui a toutes les propriétés du froment, par BÉAUX. 1 vol. in-18. 1 50

Paysans (*Les*) **français**, considérés sous le rapport économique, agricole, médical et administratif, par Anacharsis COMBES, président du Comice agricole de Castres, et Hip. COMBES, doct.-méd. 1 vol. in-8. 6 fr.

Pêcheur (*Le*) **français**. Traité de la pêche à la ligne en eau douce, par C. KRESZ aîné, in-12, 5e éd. 5 fr.

Pediculus vinealis (*Description du*), cause de l'oïdium. Traitement rationnel de cette maladie, par L. MONIER, docteur-médecin. In-8 avec figures dans le texte. 1 50

Pigeons de colombier et de volière (*Guide de l'éleveur de*), par MARIOT-DIDIEUX. In-18. 75 c.

Pisciculteur (*Guide du*), d'après des notes et documents fournis par J. REMY, pêcheur de la Bresse, recueillis, rédigés et publiés par le docteur HAXO. In-18, avec gravures. 1 50

Pisciculture. Rapport sur le repeuplement des cours d'eau et sur les travaux de pisciculture de M. MILLET, suivi des *Etudes sur les Fécondations artificielles des œufs de poisson*, par MM. DE QUATREFAGES et MILLET. In-8. 1 25

Pisciculture (*Eléments de*) ou résumé des expériences faites au château de Maintenon, par Isidore LAMY. 1 vol. in-18 avec fig. 1 25

Plantes fourragères (*Petit traité de la culture des*), par P.-A. DE THIER. In-18. 75 c.

Planteur (*Manuel du*). Du reboisement, de sa nécessité et des méthodes pour l'opérer avec fruit et économie, par H. DE BAZELAIRE. 1 vol. in-12. 1 25

Police rurale (*Manuel de*). Ouvrage utile aux fonctionnaires publics et aux propriétaires, par THIROUX, 3e édit. 1 vol. in-18. 2 fr.

Pommes de terre (*Culture et conservation des*). In-18. 25 c.

Pommes de terre (*Maladie des*). Découverte des causes, révélation des moyens de remédier au mal, études sur la maladie; par LEFEBVRE. 1 vol. in-8. 2 50

Pommier à cidre (*Traité pratique de l'éducation et de la culture du*), par PRÉVOST, professeur d'agriculture à Rouen. In-18. 40 c.

Porcs (*Du traitement des*) aux différentes époques de l'année, en santé et maladie, etc. Extrait des meilleurs ouvrages anglais, par J.-A. G. 1 vol. in-18 avec 30 figures dans le texte. 1 25

Porcs (*Guide de l'éleveur de*), par J. ALLIBERT, professeur de zootechnie à Grignon. 1 vol. in-18. (*Sous presse.*)

Porcheries (*De l'établissement des*), dispositions diverses, construction, par J. GRANDVOINNET, professeur de génie rural à Grignon. 1 vol. in-18, avec un grand nombre de figures dans le texte. (*Sous presse.*)

Poules et Poulets (*Guide de l'éleveur de*), par J. ALLIBERT, professeur de zootechnie à Grignon. 1 vol. in-18. 75 c.

Poules bonnes pondeuses (*Les*) reconnues au moyen de signes certains, et indications pratiques pour faire des poulets et des volailles grasses, par L. PRANGÉ, vétérinaire. 1 vol. in-12. 1 75

Poules (*Education lucrative des*) ou traité raisonné de gallinoculture, par MARIOT-DIDIEUX. 2 vol. in-12. 4 fr.

Poules (*Instruction sur l'éducation des*), des poulets, des chapons et des poulardes. In-12. 25 c.

Prairies artificielles (*Essai sur les*), luzerne, trèfle ordinaire, trèfle printanier et sainfoin ou esparcette, par H. MACHARD. 1 vol. in-18. 1 fr.

Prairies naturelles (*Instruction pratique sur la création des*), par Bossin. In-8. 75 c.

Propriétaire architecte, contenant des modèles de maisons de ville et de campagne, des remises, écuries, orangeries, serres, etc., par U. Vitry. 2 vol. in-4 avec 100 grav. 20 fr.

Proverbes agricoles du sud-ouest de la France, par Anacharsis Combes. In-8. 1 25

Régulateur général et perpétuel des boulangeries de France, par Thibault, ancien meunier. In-plano. 2 fr.

Ruche française et *éducation des abeilles*, par Varembey. 1 vol. in-8, avec fig. 3 fr.

Sangsues (*De l'élève et de la multiplication des*), visite aux marais des environs de Bordeaux, par Quenard. In-8. 75 c.

Sangsues. Notice sur le marais de Monsalut (Landes), par Soubeiran, etc., etc. In-8. 75 c.

Sangsues (*Notice sur le marais à*) de Clairefontaine, par E. Soubeiran. In-8. 75 c.

Sel (*Conseils pratiques aux agriculteurs, ou considérations sur les doses, le mode d'emploi et les effets du*), par Quenard. In-8. 1 25

Sol (*Du morcellement du*), par Tissot. 1 vol. in-8. 1 50

Sucre exotique (*Notice sur les améliorations à introduire dans la fabrication du*), par Hotessier. In-8. 1 50

Sucre (*Expériences relatives à la fabrication du*) et à la composition de la canne à sucre, par E. Peligot. In-8. 2 50

Système Guénon, en forme de catéchisme, à l'usage des élèves des fermes-écoles, par Anacharsis Combes, président du Comice agricole de Castres. In-18. 30 c.

Tableau indicatif des droits et devoirs des débitants de boissons dans leurs rapports avec la régie. In-plano. 75 c.

Tarif régulateur et perpétuel pour le commerce des blés et farines, par L. Thibault. In-8. 1 50

Taupier (*L'art du*), ou méthode amusante et infaillible pour prendre les taupes, par Dralet. 15e édit. 1 vol. in-12, fig. 1 fr.

Terres siliceuses (*Notions sur la culture des*), à sous-sol imperméable, vulgairement désignées par les noms de *terres blanches, de terres douces, de limons froids*, par Charles Gossin. Broch. in-8. 50 c.

Trésor des laboureurs (*Le*), adages, maximes et proverbes agricoles, par Ch. Lemaout. 1 vol. in-18. 1 50

Vaches (*De la castration des*), par Charlier, vétérinaire. In-8, avec figures. 2 fr.

Vaches laitières (*Choix des*). Description de tous les signes à l'aide desquels on peut apprécier les qualités lactifères des vaches, par Magne. In-18, avec figures. 2 fr.

Vaches laitières (*Des moyens de distinguer les bonnes*), par Evon. Brochure in-8, avec fig. 1 50

Végétaux (*Origine des maladies des*), particulièrement du pommier, de la vigne, de la pomme de terre, de la betterave, du colza, etc., et des animaux herbivores, suivie des moyens d'éviter ces maladies en prévenant, par le drainage des terres, la vaporisation des eaux corrompues dans le sol, par P. Alliot. In-8. 1 50

Végétaux (*Recherches sur les maladies des*) et particulièrement sur la maladie de la vigne, par Guérin-Méneville. In-8. 25 c.

Extrait de l'*Agriculteur praticien*.

Vers à soie (*Guide pratique de l'éducateur de*), par M. GUÉRIN-MÉNEVILLE, et Eugène ROBERT, directeur de la Magnanerie expérimentale de Sainte-Tulle. 1 vol. in-18 avec figures. (*Sous presse.*)

Vers à soie (*Conseils aux nouveaux éducateurs de*), par Frédéric DE BOULLENOIS. 1 vol. in-8, 2e édit. 3 50

Vers à soie (*Education des*), comprenant l'éclosion des œufs, l'éducation des vers à soie, la formation et la récolte des cocons, la conservation de la graine. 2 brochures in-12. 50 c.

Vers à soie (*Education des*). Tableau synoptique de toutes les opérations, jour par jour, de l'éducation des vers à soie. 2 pag. in-fol. 25 c.

Vers à soie (*Manière la plus profitable d'élever les*), et sur les moyens de prévenir et guérir la muscardine, par le docteur BASSI, traduit de l'italien, par F. CAZALIS, médecin. In-8. 1 fr.

Vigne (*Etude de la maladie de la*), par E. LAPIERRE-BEAUPRÉ. In-12. 1 fr.

Vigne (*Observations sur la maladie de la*), par MARÈS. In-8. 1 fr.

Vignes (*La maladie des*). Notice contenant quelques observations au sujet d'un rapport à M. le ministre de l'intérieur sur les vignes malades, par F. GUERIN-MÉNEVILLE. In-18. 75 c.

Vigne (*Etude sur la nouvelle phase de la maladie de la*), par Etienne LAPIERRE. In-18. 50 c.

Vigne (*Mémoire sur la maladie de la*) et sur le moyen curatif, par PASCAL. In-8. 50 c.

Vigne (*Nouveau mode de culture et d'échalassement de la*), applicable à tous les vignobles où l'on cultive les vignes basses, par T. COLLIGNON. 1 vol. in-8, avec 3 pl. 3 fr.

Vigne (*Exposé pratique de la culture de la*) dans les jardins, suivi de l'abrégé de l'éducation pratique du pêcher en espalier sous la forme carrée, par FÉLIX MALOT. 1 vol. in-8, avec fig. 2 fr.

Vigne malade (*Guérison de la*) par un nouveau mode de culture, par l'abbé J.-B. DELPY. In-8. 2 fr.

Vigne (*Maladie de la*). In-8. 25 c.

Vins et eaux-de-vie (*Traité du négociant de*), suivi de l'art de faire les liqueurs, par C. DORNAT. 1 vol. in-8 de 126 pages et 4 tableaux. 6 50

Vinification (*Traité pratique de*), ou guide des propriétaires, vignerons, négociants, etc., par H. MACHARD. 2e édit. 1 vol. in-18. 2 fr.

Vins (*Art d'améliorer les*) et de les guérir des diverses maladies qui peuvent les affecter. In-12. 1 25

Visite à un véritable agriculteur praticien, par DURAND-SAVOYAT, propriétaire-cultivateur. 1 vol. in-18. 1 25

Viticulture (*Premières notions de*) et d'œnologie, dédiées à la jeunesse des écoles primaires dans les contrées viticoles, par STOLTZ. In-18 accompagné de 19 pl. 90 c.

Zootechnie ou science qui traite du choix des animaux domestiques, de leur conservation, de leur rendement et des principales maladies dont ils peuvent être affectés, par Ch. KNOLL aîné, vétérinaire. 2 vol. grand in-8, avec un grand nombre de gravures. 12 fr.

BIBLIOTHÈQUE DE L'HORTICULTEUR

ET DE L'AMATEUR.

Ouvrages publiés.

Arboriculture (*Pratique raisonnée de l'*), par PICOT-AMETTE, horticulteur. 1 vol. in-18, avec 12 planches. 2 50

Arbres fruitiers (*Instruction élémentaire sur la taille des*), par LACHAUME, ancien jardinier en chef de Petit-Bourg. 1 vol. in-18, orné de 20 figures dans le texte. 75 c.

Asperges (*Instruction pratique sur la plantation des*), par BOSSIN, 2e édition. 1 vol. in-18. 75 c.

Camellias (*Traité de la culture des*), par J. DE JONGHE. 2e édition. 1 vol. in-18. 1 fr.

Melons (*Culture des*). Méthode simple et précise pour obtenir les melons d'une grosseur extraordinaire, etc., par DUFOUR DE VILLEROSE. 1 vol. in-18, avec 5 grav. pour l'explication des tailles. 75 c.

Pêcher en espalier (*Instructions pratiques sur la culture du*), par LASNIER, horticulteur. In-18. 50 c.

JARDINAGE.

Almanach du jardinier-fleuriste, pour 1856, suivi de quelques notes sur le jardin potager, 3e année. 1 vol. in-18, avec fig. dans le texte. 50 c.

Arboriculture (*Cours élémentaire et pratique d'*), par A. DUBREUIL. 3e édit. 2 vol. in-18. 9 fr.

Arboriculture (*Cours pratique d'*), par L. GAUDRY. 1 vol. in-12 avec fig. 2 25

Arboriculture (*Pratique raisonnée de l'*), par PICOT-AMETTE, horticulteur. 1 vol. in-18, avec 12 planches. 2 50

Arbres fruitiers (*Instruction élémentaire sur la conduite des*), par DUBREUIL. 1 vol. in-18, fig. 2 fr.

Arbres fruitiers (*Cours théorique et pratique de la taille des*), par DALBRET. 8e édition. 1 vol. in-8, avec 55 fig. grav. 5 fr.

Arbres fruitiers (*Instructions élémentaires sur la taille des*), par LACHAUME, ancien jardinier en chef de Petit-Bourg. 1 vol. in-18, orné de 20 figures dans le texte. 75 c.

Arbres fruitiers (*Instruction élémentaire sur la conduite et la taille des*), par CROUX. In-8, avec fig. 3 50

Le catalogue général et prix courant des arbres fruitiers, etc., de CROUX.

Arbres fruitiers (*Taille raisonnée des*) et autres opérations relatives à leur culture, par C. Butret. 19e éd. 1853. In-12, fig. 2 fr.

Arbres fruitiers (*Pratique raisonnée de la taille des*) et de la vigne, par Cossonet. 1 vol. in-8, avec 21 planches. 5 fr.

Arbres fruitiers (*Taille raisonnée des*), suivie de la description des greffes les plus usitées, par J.-A. Hardy. 1 vol in-8, avec fig. dans le texte. 5 50

Arbres (*Traité élémentaire de la taille des*), par Ch. Ramey; ouvrage couronné par la Société d'horticulture de la Gironde. 1 vol. in-12, orné de 32 fig. 1 50

Asperges (*Instructions pratiques sur la plantation des*), par Bossin. 2e édition. 1 vol. in-18. 75 c.

Asperges (*Traité complet de la culture naturelle et artificielle des*), par Loisel. 1 vol. in-12. 1 25

Bon Jardinier (*Le*), pour 1855, par Poiteau, Vilmorin, Decaisne, Neumann, Pépin. 1 vol. in-12. 7 fr.

Bon Jardinier (*Figures de l'Almanach du*), par Decaisne et Hérincq. 4e éd. 632 grav. et 45 pl. 1 vol. in-12. 7 fr.

Botaniste (*Petit manuel du*) et de l'herboriste, accompagné de planches explicatives et suivi de quelques principes de médecine, de pharmacie et d'économie domestique, par L. F., F. M. et P. M. 2e éd. 1 vol. in-12. 1 75

Boutures (*Notions sur l'art de faire les*), par Neumann. 3e édition. 1 vol. avec 81 figures. 2 fr.

Broméliacées (*Traité de la culture des*), par J. de Jonghe. In-18. (*Sous presse.*)

Camellias (*Traité de la culture des*), par J. de Jonghe. 2e édit. 1 vol. in-18. 1 fr.

Catalogue raisonné et précédé d'instructions sur la plantation, la taille des arbres fruitiers, arbustes et rosiers cultivés chez Jamain et Durand. In-4. 1 50

Champignons (*Traité pratique de la culture des*), par Salle. In-18. 1 fr.

Conifères (*Traité général des*), ou description de toutes les espèces et variétés connues aujourd'hui; leur synonymie, procédés de culture et multiplication, par A. Carrière, chef des pépinières du Jardin des Plantes de Paris. 1 vol. in-8. 10 fr.

Culture potagère (*Petit traité pratique de*) rustique et facile, par J. Prévost. In-18. 40 c.

Cyclamen (*Instructions sur la culture du*), par J. de Jonghe. In-18. (*Sous presse.*)

Fécondation naturelle et artificielle (*De la*) **des végétaux et de l'hybridation**, considérée dans ses rapports avec l'horticulture, l'agriculture et la sylviculture, par Lecoq. 1 vol. in-12. 3 50

Fleurs (*Album de*) annuelles et vivaces, publié par livraisons, par Vilmorin-Andrieux. Prix de la liv. 4 fr.

5 liv. sont en vente. Chaque liv. se vend séparément.

Fleurs (*Instructions pour les semis de*) de pleine terre, avec l'indication de leur couleur, époque de floraison, culture, etc., par Vilmorin-Andrieux. 2e édit. In-16. 75 c.

Flore d'Alsace et des contrées limitrophes, par F. Kirschleger. Tome 1er, comprenant les *Plantes dicotylès pétalées*. 1 volume in-18. 8 50

Flore du Dauphiné, par Mutel. 2e édition. 3 vol. in-16. 13 25

Floriculture. Cours de culture des plantes de pleine terre, annuelles et bisannuelles, vivaces, arbustes et arbrisseaux, à l'usage des amateurs de petits et grands jardins; par LACHAUME, ancien jardinier du Luxembourg. 1 vol. in-18, avec figures dans le texte et un calendrier pour l'année 1856. (*Sous presse.*)

Greffe (*Traité complet de la*), contenant la description de 135 espèces de greffe, par Louis NOISETTE. 1 vol. in-12, avec 6 planches. 2 50

Horticulteur français (*L'*), journal des amateurs et des intérêts horticoles, sous la direction de F. HÉRINCQ.

L'*Horticulteur français* paraît le 1er de chaque mois, par livraison de 24 pages grand in-8 et de 2 pl. color.

Prix de l'abonnement :		Paris.	Province.
	Pour 1 an, fig. col.	10 fr.	11 fr.
	— sans fig.	5	6

Jardinier (*Manuel complet du*) maraîcher, pépiniériste, botaniste, fleuriste et paysagiste, par Louis NOISETTE, 2e édit. 4 vol. in-8, et supplément. 30 fr.

Jardins (*Traité de la composition et de l'ornement des*), avec 161 pl. représentant, en plus de 600 fig., des plans de jardins, des fabriques propres à leur décoration et des machines pour élever les eaux. 5e édit. 2 vol in-4 oblong. 25 fr.

Légumes (*Album de*), publié par livraisons, par VILMORIN-ANDRIEUX. Prix de la livraison. 3 fr.

5 liv. sont en vente. Chaque liv. se vend séparément.

Melon (*Monographie complète du*), par JACQUIN aîné. 1 vol. gr. in-8, avec 33 pl. grav. : fig. noires. 7 50. — Figures coloriées. 15 fr.

Melons (*Traité complet de la culture des*), par LOISEL. 3e édit. 1 vol. in-12. 1 25

Œillets (*Traité de la culture des*), par RAGONOT-GODEFROY. In-12, fig. 2e édit. 1 25

Pelargonium (*Traité de la culture du*), par J. DE JONGHE. 2e édit. (*Sous presse.*)

Pelargonium (*Traité complet de la culture des*), des Calcéolaires, des Verveines et des Cinéraires, par CHAUVIÈRE et LEMAIRE. 1 vol. in-18. 2 50

Pêcher en espalier (*Instructions pratiques sur la culture du*), par LASNIER, horticulteur. In-18. 50 c.

Pêcher en espalier carré (*Pratique raisonnée de la taille du*), par Al. LEPÈRE. 1 vol. in-8, fig. 4 fr.

Pensée (*La*), la **Violette**, l'**Auricule** ou Oreille-d'Ours, la **Primevère**. Histoire et culture, par RAGONOT-GODEFROY. 1 vol. in-18, avec fig. col. 2 fr.

Plantes bulbeuses (*Essai sur la culture générale des*), par LEMAIRE. 1 vol. in-18. 3 50

Plantes potagères (*Description des*), par VILMORIN-ANDRIEUX et Cie, 1re partie. 1 vol. 3 fr.

Poirier (*Taille du*) **et du Pommier** en fuseau, par CHOPPIN. 1 vol. in-8, fig. 4e édition. 3 fr.

Poiriers (*Traité spécial de la taille des*) en quenouilles, rangés en 3 catég. selon les espèces et leur fécondité, par LASNIER. In-8, avec pl. 1 fr.

Pomone française (*La*). Traité de la culture et de la taille des arbres fruitiers, suivi d'un traité de physiologie végétale, par LELIEUR. 3e édition. 1 vol. in-8 et 15 planches gravées. 7 50

Reine-Marguerite (*Culture de la*), par MALINGRE, horticulteur. Brochure in-18. 30 c.

Rose (*La*), histoire, culture, poésie, par P.-L.-A. LOISELEUR-DESLONGCHAMPS. 1 vol. in-12, fig. 3 50

Serres (*Art de construire et de gouverner les*), par NEUMANN, chef des serres au Jardin des Plantes. 2e édit. I vol. in-4, avec 23 planches gravées. 7 fr.

Thermosiphon (*Pratique de l'art de chauffer par le*), avec un article sur le **Calorifère à air chaud**, par A***. 1 vol. in-4, avec 21 pl. grav. 6 fr.

PUBLICATIONS DIVERSES.

Les abonnements à ces publications sont reçus à la Librairie centrale d'Agriculture, etc.

Belgique horticole (*La*). Journal des jardins, des serres et des vergers, par C. MORREN, 2e année, publiée par livraisons mensuelles de 2 feuilles in-8 et 2 gravures coloriées. Prix de l'abonnement. 16 50

Camellias (*Nouvelle Iconographie des*), contenant les figures et la description des plus rares, des plus nouvelles et des plus belles variétés de ce genre, par A. VERSCHAFFELT, horticulteur. 12 livraisons par an. Prix de l'abonnement. 26 fr.

Flore des serres et des jardins de l'Europe. Description et figures des plantes les plus rares et les plus méritantes nouvellement introduites sur le continent ou en Angleterre; paraissant tous les mois en un cahier grand in-8 composé de 10 planches coloriées et de 32 pages de texte avec gravures sur bois. Ouvrage publié sous la direction de L. VAN HOUTTE. — Prix de l'abonnement. 38 fr.

Journal d'Agriculture pratique, d'économie forestière, d'économie rurale et d'éducation des animaux domestiques du royaume de Belgique, par Ch. MORREN. 6e année, publiée par livraisons mensuelles, avec planches col., portraits et grav. dans le texte. — Prix de l'abonnement. 15 fr.

Pomologie (*Annales de*), publiées par livraisons de planches grand in-8 avec texte, rédigées par MM. DE BAVAY, BIVORT, etc. — Prix de l'abonnement, pour 12 livraisons, rendues franc de port :

Edition sur papier ordinaire, 26 fr.
— grand papier, 38

Bulletin mensuel de la Société zoologique d'acclimatation, fondée le 10 février 1854. Ce bulletin paraît à la fin de chaque mois. — Prix de l'abonnement pour l'année :

Paris, 12 fr.
Départements, 14

Les abonnements commencent au mois de mars de chaque année.

Le Petit Poucet, *journal des enfants*, paraissant tous les mois, illustré de jolies gravures sur bois et orné d'images ou dessins explicatifs coloriés, petites modes pour les enfants, broderies, tapisseries, uniformes des armées françaises et étrangères. — Prix de l'abonnement :

Départements et Paris, 5 fr.

Les abonnements datent du 1er janvier de chaque année.

EVREUX, A. HÉRISSEY, imprimeur. — 1155.

www.ingramcontent.com/pod-product-compliance
Ingram Content Group UK Ltd.
Pitfield, Milton Keynes, MK11 3LW, UK
UKHW021005200726
13857UKWH00004B/1282